科学新悦读文丛

Numbers

How Counting Changed the World

奇妙数学史

数字与生活

[英]**汤姆·杰克逊**（Tom Jackson）著

张诚 梁超 译

人 民 邮 电 出 版 社

北 京

图书在版编目（ＣＩＰ）数据

奇妙数学史. 数字与生活 / （英）汤姆·杰克逊
(Tom Jackson) 著；张诚，梁超译. -- 北京 ：人民邮
电出版社, 2018.6
（科学新悦读文丛）
ISBN 978-7-115-47994-5

Ⅰ. ①奇… Ⅱ. ①汤… ②张… ③梁… Ⅲ. ①数学史
—普及读物 Ⅳ. ①011-49

中国版本图书馆CIP数据核字(2018)第048424号

版 权 声 明

◆ 著　　　　　[英]汤姆·杰克逊（Tom Jackson）
　　译　　　　张 诚 梁 超
　　责任编辑　韦 毅
　　责任印制　陈 犇

◆ 人民邮电出版社出版发行　　北京市丰台区成寿寺路 11 号
　　邮编　100164　　电子邮件　315@ptpress.com.cn
　　网址　https://www.ptpress.com.cn
　　涿州市殷润文化传播有限公司印刷

◆ 开本：690 × 970　1/16
　　印张：11.25　　　　　　　2018 年 6 月第 1 版
　　字数：172 千字　　　　　2024 年 9 月河北第 29 次印刷
　　著作权合同登记号　图字：01-2016-9214 号

定价：49.00 元

读者服务热线：(010) 81055410　印装质量热线：(010) 81055316
反盗版热线：(010) 81055315
广告经营许可证：京东市监广登字 20170147 号

图片来源

bl: 左下；tl: 左上；b: 下；t: 上；
br: 右下；cr: 右中；cl: 左中；
bc: 中下；tr: 右上

4

引 言

数学是我辈中许多人痛恨的学科，它洋洋洒洒，令人不知所为何故。那么，请读下去，去发现数学深处的故事。这本书会告诉你数学课和数学题从何而来，由谁而来，为何而来——或许后者尤为重要。

从数字开始

显而易见，数学从数字中来，从数量中来。我们学数学的第一步是知道如何计数，然后是加减，等等。这是数学之旅的开端，它通向更繁更强之道。但是，我们中的许多人，或许大部分人，就止步于此了。我们认为数学就是计算数字、背乘法口诀表、记符号和公式，又有何用？——不过下次测验求个高分而已。

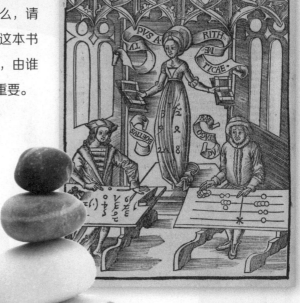

16世纪，两个算术家比赛用不同方式计数和计算。谁胜谁负？请看第24页。

小石头在拉丁文里称为"calculi"，现在英语里"calculate"这个词就来自用石块计数。

向日葵的花盘符合一套数学系统——斐波那契数列。

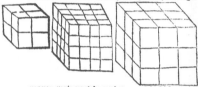

量的叠加

　　然而，退一步来说，数学是变化的。数学最主要的形式——计数，是把我们的世界数字化的途径。我们可以数手指，数家人，数一日几餐。无论数的是什么，我们的计数系统都做同样的事。从第一个数字 1 开始，不断加 1，直到得出我们要数的那个东西的确切数字。所以说我们数十指和数一日三餐用的是同样的技术。显然，这种记数法在做记录时用处甚大：数物，数钱，数其他的东西。无论得出的数字是多少，它就是那个东西的真实数量。你觉得这就是数学的意义了？还要三思哟。计数还创造了其他东西——数字本身。

下图：这个矩形很特殊，它可以分成与自己相似的越来越小的小块，划分方式被称为黄金分割。

上图：数字可以看作几何图形。这些立方体表示前 3 个立方数 8、27 和 64 都是由边长为 1 的单位立方块组成的。

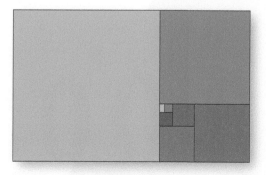

17 世纪，"纳皮尔的骨头"建立了一套快速计算的系统。

右图：加号"+"是 1360 年发明的，它是法语词"et"的简写，意思是"和"。

数学是描写数字的语言

我们可以把 1 累加构成任何整数。也可以反过来从任何数中去掉 1，那就是减法。乘法的规则也不新奇：仅仅是把数累加多次而已。除法是考察一个数累加多少次能成为另一个数。所以说，把 1 简单累加，我们就构建了第一套数学规则。它们自然有现实世界中的用途，也是通往新世界的轮毂。这个世界不是由星星和黑洞组成的，而是数字以不可想象的方式连接而

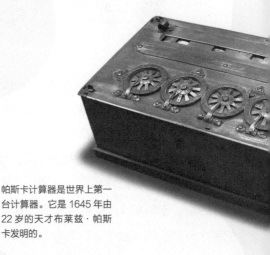

帕斯卡计算器是世界上第一台计算器。它是 1645 年由 22 岁的天才布莱兹·帕斯卡发明的。

100000000

成的。其实我们也不好说"不可想象"，因为数学本身就是纯想象。数字世界只存在于脑海，而且无边无际。几百年来，数学家找到了无涯的数字之海的模式和联系，在本书中你可以领略些许。一旦学会用数字思考，你的数学世界将非常美妙。更妙的是，这也会反射到现实世界。换言之，数学是我们描写世界的语言。

无穷大是数学里最奇妙的思想之一。无穷大有多个种类，有的无穷大比别的无穷大更大！

数学无处不在，美国密苏里州的拱门里也有。参见第140页。

这个数是古戈尔数。它看起来大之又大，但是跟古戈尔普勒克斯数相比，它还是小之又小。参见第168页。

OOOOOOOOOOOOOOOOO

数字的发明

1, 2, 3, 4, …, 你知道后面是什么吗？数数是第一堂数学课的内容。我们幼年学习的数字将会伴随我们终身。但是数字从何而来？是我们发明了它们，还是数字本身就存在？

数数的话，你只需知道数字1就行了。数学家称这个特殊的数为"单位"，它表示一个事物。其他的数就是把1累加：2

画1计数，这就是计数符号的思路。

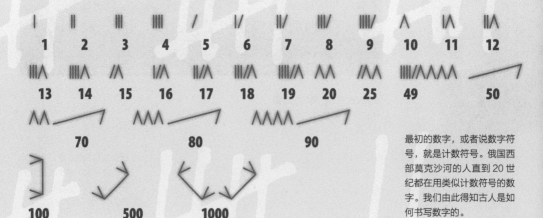

			||	|||	/	||	||/	|||	||/|	/\	|/\	||/\
1	**2**	**3**	**4**	**5**	**6**	**7**	**8**	**9**	**10**	**11**	**12**

|||/\	|||/\	/\/\	|/\/\	||/\/\	|||/\/\	|/\/\	/\/\/\	|||/\/\/\	||||/\/\/\/\		
13	**14**	**15**	**16**	**17**	**18**	**19**	**20**	**25**	**49**		**50**

70	**80**	**90**

100	**500**	**1000**

最初的数字，或者说数字符号，就是计数符号。俄国西部莫克沙河的人直到20世纪都在用类似计数符号的数字。我们由此得知古人是如何书写数字的。

就是两个 1，3 就是 3 个 1，以此类推。这倒很简单，简单到科学家相信即使是动物也能数少量的数，或者分辨小量级的区别，比方说它们知道 4 比 3 大（见第 13 页）。对于记住哪儿食物多，哪儿食物少，它们还做得更好呢；它们懂得"更多"与"更少"的概念，而用不着比较确切的数字。有些鸟儿尤其擅长数数，它们受到训练，鸣叫指定的几声后停下来，就能得到投食奖励。

全部手指（还有脚趾）

关于数字，还有个词叫"数码"。如今，我们用"数码"来描述各种各样的计算系统。最初，它也就只是用于计数。"数码"另有个意思是手指（或脚趾）。语言学家表示：数词，尤其是"十"和"百"，本源是来自古语里的"手指"。这就证实了我们的猜想：古人掰手指计数。我们有 10 个手指，所以"10"这个数对于构建数字特别重要

石头

最初的计算器——石子。

古人也有计算器，"calculate"和"calculator"都源自拉丁文中的"calx"，是"石头"的意思。小石子或者卵石，是"calculi"，在古代用于计数。每天早上牧人用一堆石头点数——一羊一枚。如果到晚间，石头数和羊数对不上了，牧人就知道他得出去找几只羊了。

（见第 17 页）。掰手指数到 10 很容易，但是再往大了数，并且写下来，我们的祖先用了另一套系统——计数符号，并沿用至今。

计数符号

最古老的计数符号是刻在骨头上的。在非洲和欧洲，人们发现了一些骨头样本，30 000 年前的人类在上面刻了线条。它们看起来跟如今的计数符号很像。但是古代的符号记了些什么呢？

8、9，再画一道串起来表示 10。计数符号用起来很方便，画好的符号可以转化成数或数字符号，比方说 53 或 691。然而，我们的数字系统可是经历了好几百年才发展起来的（见第 21 页），而且或许也是从简单的计数符号产生的。

计数

雕有计数符号的古代甲骨依然是个谜。比方说下图的伊尚戈骨头，包含成双

中部非洲的伊尚戈骨头，距今超过 20 000 年，展现了计数符号的集合。

便利计数

计数符号用起来很便利，可以用来给竞技游戏计分，数一堆类似的东西，记录一串随时间变动的数。正如我们所见，在符号上加一画就行了。但是问题来了，到底画了几道，这可很难确定。把画的这些道整合起来有许多办法，最常见的是用第 5 画串起前 4 画。这个符号表示 5（比方说，5 根手指）。然后你可以继续画 6、7、

倍的数，比如 3 道和 6 道，4 道和 8 道，等等；也包含素数（见第 58 页），比如 5、13、19。这块骨头看来并不是简单的家庭财产或家族人口的数量记录。反之，数学家认为它用于计算，还可能是相当复杂的计算。不过大家都不清楚是怎么算的。无论如何，伊尚戈骨头和诸如此类的骨头告诉我们，在数学刚开始产生时，数字就是一堆笔道，或者说，一堆 1 的组合。

1	10	100	1000	10 000	100 000	1 000 000+
一画	足跟骨	盘绳	莲花	弯指	青蛙或蟾蜍	举手的人

保存记录

　　数百年后，文明出现于世，伴生着法规、军队和城池。法律条例，税务文书，物主是谁，价值几何，均需落笔记录。为此，人们发明了书写，包括新的数字系统，其中为大数设定了新的符号。从古埃及、中国到罗马的数字系统，皆可上溯至计数符号。

古埃及象形文字使用如上的数字，1 就是一画。右图这个粉色数字就是2016！

一瞥

　　对于 4 这个数，我们的大脑不用具体数也能立刻认出来。对于 5 以上的数，我们的大脑依然能快速数出来，不过是三三两两加起来的。

试试看。盖住一颗巧克力，你能看到几颗？露出最后一颗，一共是几颗，这个你得多花点工夫来数吧？

自然数

我们用一组数字来计数，它们被称为自然数。自然数包含 0 及其以上的全部整数。自然数（X）就是用它计数的物品的个数（Y）。自然数包含 1，但是可以有任意大小的各种集合：有两个自然数的集合就对应有两个物品的集合，有 3 个自然数的集合就对应有 3 个物品的集合。下图就有 100 种这样的集合，你能找出来吗？显而易见吧，但是有些集合你可是数不出来的哟（见第 152 页：无穷大）！

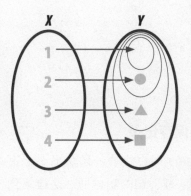

1	2	3	4	5	6	7	8	9	10
11	12	13	14	15	16	17	18	19	20
21	22	23	24	25	26	27	28	29	30
31	32	33	34	35	36	37	38	39	40
41	42	43	44	45	46	47	48	49	50
51	52	53	54	55	56	57	58	59	60
61	62	63	64	65	66	67	68	69	70
71	72	73	74	75	76	77	78	79	80
81	82	83	84	85	86	87	88	89	90
91	92	93	94	95	96	97	98	99	100

结绳计数

古代美洲文明是用绳结来计数的。秘鲁的印加文明没有书写系统，但是用奇普（quipu）记录数字。每个奇普是一串绳结，包括 1000 种不同的花样。这些奇妙的绳结历经 16 世纪西班牙入侵，只有少量留存下来。奇普记录的是日期和资源，有人认为奇普也用来记录其他重要的东西，比如建筑蓝图、历史和宗教仪式。

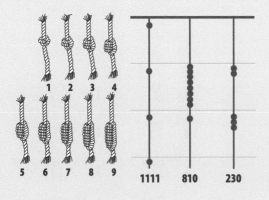

1 2 3 4
5 6 7 8 9

1111 810 230

奇普用一长串绳结表示 1 到 9，用绳结的位置表示它是十、百、千或者更多。

参见：
▶ 零，第 30 页
▶ 集合论，第 160 页

数字系统

书写数字，最初是作为数量的笔录——债务多少、个人财产、田产大小。最初的书面数字系统与今日大不相同，而且常常使数学化简为繁。

心算十分重要。人人都得学会在心里默算简单的加减乘除，比如心算购买的商品的总价。但是，更复杂的计算还是付诸笔墨吧。我们把计算过程拆分细化，为此，要把工作中的数字写下来。

1	𒁹	11	𒌋𒁹
2	𒈫	12	𒌋𒈫
3	𒐉	13	𒌋𒐉
4	𒐉	14	𒌋𒐉
5	𒐊	15	𒌋𒐊
6	𒐋	16	𒌋𒐋
7	𒐌	17	𒌋𒐌
8	𒐍	18	𒌋𒐍
9	𒐎	19	𒌋𒐎
10	𒌋	20	𒎙
		30	𒌍
		40	𒐏
		50	𒐐
		59	

湿润陶土上用楔形小棍画出的楔形文字。数字也是用同样的工具画出来的。

现在用的这套数字系统我们称为印度－阿拉伯数字系统，它通行世界至少有 600 年了。这套数字系统有 0 到 9 这 10 个基本数字，然后是 10、100，等等。它是数学课最早的内容。当你看到古人如何书写数字时，你就知道这套系统的奇妙之处了。

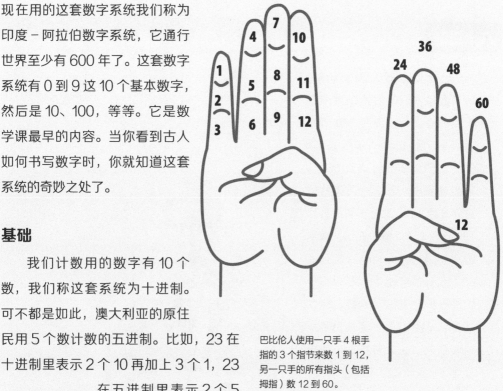

巴比伦人使用一只手 4 根手指的 3 个指节来数 1 到 12，另一只手的所有指头（包括拇指）数 12 到 60。

基础

我们计数用的数字有 10 个数，我们称这套系统为十进制。可不都是如此，澳大利亚的原住民用 5 个数计数的五进制。比如，23 在十进制里表示 2 个 10 再加上 3 个 1，23 在五进制里表示 2 个 5 再加上 3 个 1，也就是十进制里的 13。人们使用五进制是很好理解的，就是掰单手的手指头，而非双手。3000 年前，在如今的伊拉克地区生活的巴比伦人是用双手计数的，但是数到 60 就停止了！

十进制	五进制
1	1
2	2
3	3
4	4
5	10
10	20
15	30
20	40
25	100
50	200
75	300
100	400
125	1000

一列自然数，现在通用的十进制的写法，以及某些古代文化中五进制的写法。

木棍与石头

跟古埃及一样，巴比伦也被认为是数学的发源地。巴比伦人的书写系统被称为楔形文字，符号用尖端削成三角形的芦苇杆或木棍刻在湿陶土上，陶土烘烤之后成为凝固的文本。巴比伦数字也是这么书写的。第 16 页的图展示了两组符号，一组是 1 到 10，另一组是 10 以上的数字。这两组符号有 59 种不同的排列方式，表示 59 以内的任何整数。但是一旦到了 60，

六十进制

巴比伦人既是天文学家，又是数学家。他们追踪太阳在天空的运动，指出每 360 天为一周期。这成为一年的长度。于是人们用 360 份或者 360° 来衡量圆周。太阳在白天的轨迹划分为 12 小时，夜间是另外 12 小时。（请注意现在这些数字都跟 60 有关。）一小时又分成 60 小份，或者说"分钟"。每分钟进一步分成 60 "次级分钟"，或者说"秒"。我们迄今仍沿用这套系统，它运转精良，如果没崩坏，就无须修正。

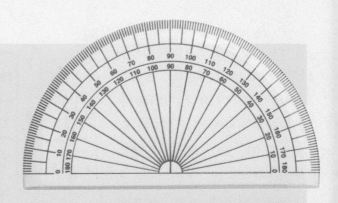

圆周的一半是 180°
（3×60），整圆是 360°
（6×60）。使用这些数字
是因为它们便于整除。

此表显示 60 可以用多个因子整除。

表盘分成 12 个大区和 60 个小区，这些都源于巴比伦数学。

10	10	10	10	10	10	x 6
12		12		12		12		12	x 5
15		15		15		15	x 4
20		20		20	x 3
30		30	x 2
60						

这套系统又得从头再来。数字60用1的符号代表，所以数字61写成一个单位1，接个空格，再接个单位1：第一个符号表示60，第二个符号表示1，空格表示这个数字里包含60。尽管习惯这个得花点工夫，六十进制还是挺有用的。数字60可以被2、3、4、5、6、10、12、15、20和30整除！而数字10只能被2和5整除，因此，与十进制相比，用六十进制自有其好处。这就是我们如今仍用它度量时间和角度的缘故（见第18页的图表）。

创始之艰

巴比伦系统因位而异，也就是说需要根据数字写在哪里去理解它表示什么。最右边是个位数，然后是60位数，以此类推（见第30页）。这是最早的进位制范例，现在我们使用的数字系统也是采用进位制。进位制的数字系统在东方的亚洲更为发扬光大，而欧洲的数字与之不同。大约2500年以前，希腊是世界文化中心之一。古希腊人用希腊字母书写数字，24个希腊字母用光之后，他们就用类似字母的符号来表示更大的数字。古希腊数字系统在计量大数或者记录大数的时候可不好用。大部分古希腊人——可以推测，正如大部分古代人——用这些符号来估计大数就够了。这套符号里最大的是M，意思是

罗马数字

罗马人用字母来书写数字。这套系统是五进制的。I代表1，V代表5，X代表10，L代表50，C代表100，D代表500，M代表1000。请注意IV代表"差1个到5"，也就是4。

1	I	**23**	XXIII
2	II	**24**	XXIV
3	III	**25**	XXV
4	IV	**26**	XXVI
5	V	**27**	XXVII
6	VI	**28**	XXVIII
7	VII	**29**	XXIX
8	VIII	**30**	XXX
9	IX	**40**	XL
10	X	**50**	L
11	XI	**60**	LX
12	XII	**70**	LXX
13	XIII	**80**	LXXX
14	XIV	**90**	XC
15	XV	**100**	C
16	XVI	**150**	CL
17	XVII	**200**	CC
18	XVIII	**500**	D
19	XIX	**1000**	M
20	XX	**1500**	MD
21	XXI	**2000**	MM
22	XXII	**2016**	MMXVI

数以万计，也就是 10 000，但是通常意味着"数不胜数"。在英语里，"myriad——无数"也有类似的含义，还有些别的说法（见下面的方框）。古希腊数学家阿基米德（见第 71 页）在后文中会频频出场，他发明了一个新数 MM——数以亿计，也就是 100 000 000。古希腊数学多专注于几何学，关心线和形胜于数，这就是他们数字系统的局限性所在。

数的名字

数字有时有数学以外的名字。有些别名现在还在使用，有些就不用了。

dozen	来自法语，意思是"12 个一组"
score	意思是 20，源于维京语言
twelfty	120
gross	12 的 12 倍，144
long thousand	100 打，1200
milliard	古英语，10 亿
billiard	古英语，亿亿亿
lakh	印度语，10 万
crore	印度语，1000 万

回到计数符号了吗？

当罗马人在 2000 年前占领了欧洲及周边区域，他们引入了以字母为基础的数字系统。从某些角度上来说，罗马系统简明易懂，但是书写大数很困难，计算也很复杂。简单来说，罗马数字很像计数符号（见第 12 页），每个数字都代表它包含了几个 1。所以开头的 I、II、III 代表 1、2、3。然而，罗马系统更智能一点，它用 5 和 10 构成大数字。换言之，有一套崭新的系统来描述 5 的倍数：V 就是 5，L 是 50，D 是 500。还有一套系统来描述 10 的倍数：X 是 10，C 是 100，M 是 1000。看来罗马有一套可以构造大数的系统。

加法

与巴比伦系统不同，罗马数字系统不是进位制的，专家们称之为加法系统。它的意思是把所有符号的值加起来得到数字。最大的数在前。所以，LXVI 就是 50+10+5+1=66，DCLXV 就是 500+100+50+10+5=665。这需要一些练习，但阅读起来也挺简单。空间紧张的时候，比方说刻在雕像或墓碑上，有些数字就用减法来简写：4 就是 IV，或者"比 5 少 1"；9 就是 IX，40 是 XL。但是，写在纸面上时不采用这套减法系统：4 就是 IIII，9 就是

中国竹筹

对于能手，算盘是
强大的计算器。

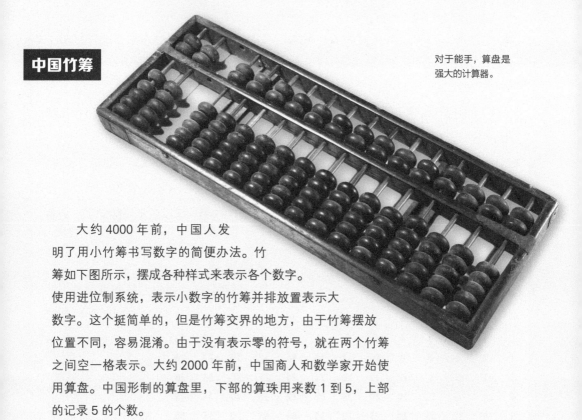

大约 4000 年前，中国人发
明了用小竹筹书写数字的简便办法。竹
筹如下图所示，摆成各种样式来表示各个数字。
使用进位制系统，表示小数字的竹筹并排放置表示大
数字。这个挺简单的，但是竹筹交界的地方，由于竹筹摆放
位置不同，容易混淆。由于没有表示零的符号，就在两个竹筹
之间空一格表示。大约 2000 年前，中国商人和数学家开始使
用算盘。中国形制的算盘里，下部的算珠用来数 1 到 5，上部
的记录 5 的个数。

中国竹筹计数最多画 5 条线
来表示一个数。

1	2	3	4	5	6	7	8	9

10	20	30	40	50	60	70	80	90

VIIII。这样便于用罗马数字做加法。事实上，这大概比我们如今使用的系统还简洁。罗马数字做加法，可以把两个符号合并起来，从大的开始写。所以CXXVII（127）+LVIII（58）求和成了CLXXVVIIIII。这个符号需要整合成大数。从尾端最小的数开始，IIIII变成V，这就构成了VVV，即XV，最终这数成了CLXXXV，或者说185。成功啦！罗马人知其然，只是不知其所以然。减法也挺简单，可以从小数开始划去，一直划到大数。所以，对于MDLI（1551）-MXI（1011），我们划掉M，保留D。我们再把L改写成XXXXX，划掉一个X，还剩XXXX，最后把I划掉，结果就是DXXXX或者说540。（看第25页的内容，可以对罗马数学了解更多。）

乘法难题

用罗马数字做乘法就困难得多。做法是构建两列数，第一列是把被乘数折半取整，不断重复，一直到1。第二列是把乘数加倍，前面折半多少次，这里就加倍多少次。然后对于第一列中是偶数的那些行，两列中都要划掉。最后把第二列剩余的数全都加起来。听起来挺复杂，没错，就是挺复杂。简单点的方法也有一个，跟我们当今用的乘法差不多，可是罗马人不用哦！

乘法表是用印度-阿拉伯数字连续展现的，跟下图的罗马版本做个对比吧。

x	1	2	3	4	5	6	7	8	9	10	11	12
1	1	2	3	4	5	6	7	8	9	10	11	12
2	2	4	6	8	10	12	14	16	18	20	22	24
3	3	6	9	12	15	18	21	24	27	30	33	36
4	4	8	12	16	20	24	28	32	36	40	44	48
5	5	10	15	20	25	30	35	40	45	50	55	60
6	6	12	18	24	30	36	42	48	54	60	66	72
7	7	14	21	28	35	42	49	56	63	70	77	84
8	8	16	24	32	40	48	56	64	72	80	88	96
9	9	18	27	36	45	54	63	72	81	90	99	108
10	10	20	30	40	50	60	70	80	90	100	110	120
11	11	22	33	44	55	66	77	88	99	110	121	132
12	12	24	36	48	60	72	84	96	108	120	132	144

罗马数字的乘法需要把1、5、10、50、100和500分别乘起来（下表为罗马数字前6个数码的乘法表）。V上加个横杠在这里表示5000。

乘	I	V	X	L	C	D
I	I	V	X	L	C	D
V	V	XXV	L	CCL	D	MMD
X	X	L	C	D	M	$\overline{V}$
L	L	CCL	D	MMD	$\overline{V}$	
C	C	D	M	$\overline{V}$		
D	D	MMD	$\overline{V}$			

	0	1	2	3	4	5	6	7	8	9
婆罗门		一	=	≡	+	ん	₢	つ	つ	つ
印度	०	१	२	३	४	५	६	७	८	९
阿拉伯	·	١	٢	٣	٤	٥	٦	٧	٨	٩
中世纪	0	I	2	3	8	५	6	۸	8	9
当代西方	0	1	2	3	4	5	6	7	8	9

图中展示了印度－阿拉伯数字的 10 个数字符号的演进。印度数字出现于公元 5 到 6 世纪，阿拉伯数字源于 9 世纪。如今二者都在使用，在西方符号系统中的功能完全一样。

方法是将一个数里的每个数位的值与另一个数的各数位的值相乘，然后把得到的一串数加到一起。罗马数字的数码只有 7 个值（1、5、10、50、100、500、1000），你只要记住一个含其中 6 个数码的六六乘法表（见第 22 页）就行了，但是这样做速度会慢一点。例如，XVI(16)×VII(7) 就是 (X×VII)+(V×VII)+(I×VII)，或者说 LXX+XXVVV+VII。把它们都加起来就是 LXXXXVVVVII，也就是 LXXXXXXII，即 CXII 或者 112。验算一下，然后请看第 25 页的另一个例子。

新思路

罗马数字在现实世界的计数工作中很好用——军团中的士兵数、应纳税额或者一船谷物的数量都不会太多。因此，即使公元 5 世纪罗马帝国终于在西欧消亡之后，欧洲还一直沿用这些数字和计算方法。事实上，东罗马帝国在东欧一直存在，直到 15 世纪，只是易名为拜占庭帝国，以君士坦丁堡（如今是土耳其的伊斯坦布尔）为基业。然而，拜占庭数学家使用基于古希腊数字系统的一套数字，

12 到 13 世纪的数学家，比萨的列奥纳多，又名斐波那契，是率先提出应该用阿拉伯数字取代罗马数字的欧洲人。

也并不比罗马的强。随着阿拉伯人将势力范围从中近东和北非拓展到东部和南部欧洲，到 8 世纪，伊斯兰帝国从阿富汗扩张到西班牙南部。在印度附近行贾的阿拉伯商人在数字系统上进入了一个全新的世界——至少对于他们而言是全新的。

这个大创新结合了进位制系统与一个新数码——零。（它也是数码吗？我们稍后再加详述，参见第 30 页。）罗马人、希腊人、巴比伦人都有关于"空"或"无"的概念，但是不形诸数字——干嘛要费劲数个没有的数呢？

占位

今天的数字我们已经很熟悉了：数码有 10 个（包括 0），数字按它们值的大小书写。正如巴比伦系统一样，数字是进位制的。从右往左写下的第一个数码代表 0 到 9，第二个代表 10 到 90，第三个代表百，以此类推。你已经知道这是怎么回事了。

16 世纪的一幅版画展示了算术家书写数字的画面，其中两人用罗马数字计数板，正在较量数学。最终，这一天用印度－阿拉伯数字的算术家赢啦。

《计算之书》

　　几个世纪之后，印度－阿拉伯数字系统在全世界传播，并且于 10 世纪在西班牙和葡萄牙的伊斯兰地区通用。这套数字系统逐步向北流传，慢慢地浸染欧洲文化。12 世纪末期，有个意大利富商之子随其父的商旅造访北非。他是比萨的列奥纳多，以昵称斐波那契而扬名（见第 80 页）。回溯到 1202 年的意大利，斐波那契写了一本数学书《计算之书》——意思是关于算术的书。此书对于商人来说是一部指南，指导他们如何记录商务事件，而且书里充满了迷人的数学细节和谜题，斐波那契对此兴味盎然，其中就讲述了印度－阿拉伯数字系统的威力。斐波那契见识了阿拉伯商人做复杂计算是何等迅捷，远胜于采用"迟钝"的罗马数字系统，他意识到用这个法子进行数学运算将有何等进步。我们知道《计算之书》的出版正是全世界开始使用现代数字系统的时间点，但是长路漫漫：直到 15 世纪罗马数字才在欧洲占据主导地位；中国开始使用阿拉伯数字系统是在 17 世纪；而直到 18 世纪，俄国才用现代数字取代了基于希腊数字的系统。

参见：
▶ 零，第 30 页
▶ 斐波那契数列，第 80 页

原理

　　现在我们对数字系统有了更多的了解，下面看几个应用罗马数字的例子吧。

罗马数字转为现代数字：

DLXXVI

$= D + L + X + X + V + I$

$= 500 + 50 + 10 + 10 + 5 + 1$

$= 576$

罗马数字做加法：

XVI + CLII (16 + 152)

$= X + V + I + C + L + I + I$

$= 10 + 5 + 1 + 100 + 50 + 1 + 1$

$= 168$

罗马数字做乘法：

XX × VI (20 × 6)

$= (X × V) + (X × V) + (X × I) + (X × I)$

$= L + L + X + X$

$= CXX = 120$

分　数

分数这个词来自拉丁语"broken"，即"分开"的意思。那时的分数是比1小的数，是把1分成更小的部分。如今我们使用分数的方法始于400年前，在人们还为分数是否是数争论不休的时候就开始了。

参加过生日宴会的人都知道分数：一个蛋糕该切几块？如果有两位宾客，就切成两半——尽管有点贪吃呢。4位宾客就各拿1/4，12位宾客就各拿1/12。人再多的话可能得再来一个蛋糕了。尽管数学界对分数直到17世纪才统一意见，但古人显然懂得数（或者蛋糕）是可以分成好几部分（块）的。

眼与口

古埃及人首先发明了书写分数的办法。荷鲁斯之眼源自鹰头天神荷鲁斯，是古埃及的一个符号。其中眼睛表示1，它的各部分进行了划分（见左图），用于分割谷物、面粉及其他有价作物。分数的另一种写法是在一个嘴的形状下面写个数。嘴表示1，下面的数表示分成了几块。这套系统可以表示任意分数，它们被称为单位分数，分子是1。1/2、1/5、1/23都是单位分数，2/3、3/7、9/23不是。

荷鲁斯之眼，源自古埃及鹰头天神的符号，被分成了几部分，用于表示对食物和饮用水等的划分。

分子与分母

我们把分数写成两个数，一个在上，一个在下。底下的是分母，表示 1 分成多少份。上面的是分子，表示在这个分数里占了多少份。这个想法来自公元 7 世纪的印度，阿拉伯学者随后在两个数之间加一横杠，分数的意义就更明确了。

分子 ▶ **5／8** ◀ 分母

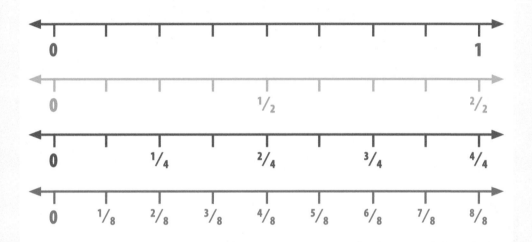

编制分数表

古埃及数学里不许可非单位分数出现。于是四分之三，或者说 3/4，分成了单位分数 1/2+1/4。单位分数的重复叠加也不许可，所以把 2/11 变成 1/11+1/11 也是不行的。古埃及数学家编制了一份分数表，把众多分数转化成他们许可使用的单位分数。这个规则把事情变得复杂了。在古埃及的宴会上把 3 块糕点分给 5 个客人，意味着每个客人各得到 3 小块：一块 1/3 的，一块 1/5 的，最后是一块 1/15 的。

六十进制的使用

巴比伦分数是基于数字 60 的，这跟他们的计数系统（见第 17 页）各部分协调一致。巴比伦系统把个位数字 1 到 59 写在数的右边，大数（60 及以上）写在左边。（其实我们的数字系统也是如出一

林德手卷是公元前
1650 年一本古埃及数
学书的残片，包含了许
多用古埃及人的方法计
算分数的难题。

辙，只不过用的是十进制，而不是六十进制。）对于分数，巴比伦人把小数写在个位的右边。举例：ᚷ即 1×60+40=100，即 1×60+40+20/60=100⅓。这套系统跟 16 世纪发展的十进制十分相似。但你或许心存疑问：怎么知道哪个是个位，哪个是分数呢？哎，这对于巴比伦数学家来说也是困惑不已的大难题。

有理数

$$五 = {}^5\!/_1 = 5$$
$$二又二分之一 = 2\tfrac{1}{2} = {}^5\!/_2$$
$$四分之一 = \tfrac{1}{4}$$

有理数包括所有自然数：如 1，2，3，等等（见第 14 页）；也包括你能想到的分数：1/2，3/5，12/43，等等。非零有理数的规则是可以写成两个自然数组成的分数。整数可以写成分数：5 就是 5/1。带分数（大于 1 的分数）可以用假分数来表示：2½ 就是 5/2。

意义

罗马人不写分数，但他们有相应的词汇。标准的分割是把东西分成 12 份，1/12是 "uncia"。6 个 uncia（一半）叫作"semis"，1/24 是 "semuncia"，1/144是 "scripulum"。7 世纪以来，印度和阿拉伯数学家使用今天我们也在用的分子与分母的系统（见第 27 页方框），并将其发扬光大。但是，分数究竟本身就是个真正正的数呢，抑或不过是两个整数的比值

莱昂哈德·欧拉，数学家，在 18 世纪拓展了分数的现代用途。

而已？比方说，1/2 是一个数，还是 1 除以 2 的答案？事实上，二者皆然。二者都能帮助我们了解各种各样的数。

大家伙的小部分

分数是数，但不是用来计数的。它们属于一个叫作有理数的大集合。有理数就是可以写成分数的数（见第 28 页方框）。但是有些数不能写成分数，那是什么数？赫赫有名的古希腊数学家毕达哥拉斯的门徒希帕索斯首先发现了它——无理数。

参见：
▶ 勾股定理和勾股数，第 36 页
▶ 十进制小数，第 92 页

原理

现在我们知道了分数的由来，下面来看看分数的用法。

把现代数学里的分数转化成古埃及的单位分数，意味着变成一些分子为 1 的分数（译者注：不过，在古埃及数学里可不许分解成重复的单位分数哦）。

$$\frac{3}{4} = \frac{1}{4} + \frac{1}{4} + \frac{1}{4}$$

巴比伦分数是六十进制的，如今，我们用化简的分数。

$$\frac{20}{60} = \frac{1}{3}$$

$$\frac{30}{60} = \frac{1}{2}$$

罗马分数是写成文字的，但可以转化成数字。

$$3\ uncia = \frac{3}{12} = \frac{1}{4}$$

$$12\ semuncia = \frac{12}{24} = \frac{1}{2}$$

假分数是大于或等于 1 的分数，可以转化为一个整数或一个整数和一个分数的和。

$$\frac{6}{1} = 6$$

$$\frac{12}{8} = 1\frac{1}{2}$$

$$\frac{4}{4} = 1$$

零

零的符号演进历时数百年。它可能是从一个简简单单的点发展起来的，也可能是计数时的一小块留白。

零，或许是数学史上最伟大的发现——或许是发明？一片虚空无人见，如此而已。将零作为标示空无的术语，用于计数，此乃数学界翻天覆地之举。

在数学界有经天纬地之举者，必当名垂青史。然而，零的发现并非一人之力。千年以来，不同想法，形形色色，汇聚一处，或有遗忘。这些想法始于公元前 700 年的巴比伦，但是我们追寻整个故事，还能上溯更远。

空或无

零有两个基础的意思。第一个显而易见："空"，或者"无"。所以一位巴比伦将军会问他的军需官："我们有多少战车？"军需官会这么回答："没有，将军。"（这个场景是很有可能的，巴比伦在公元前 1570 年被战车重骑兵所征服！）在这个例子中，军需官的装备清单里没有战车，没人觉得需要记录他们没有的东西。所以我们看到的巴比伦记录不是这样的：步兵：600；战车：0。

留白

当巴比伦和其他古代文明认识到"空"或"无"的概念时，他们却没有普适的符号去表示它。古希腊和古罗马也没有。而零在进位制数字系统里还有另一层意思，或者说用途。它可以用来表示数字的一部分没有取值，这也正是我们今天的用法：数字 10 告诉我们这个数有 1 个"十位数"的取值和零个"个位数"的取值。巴比伦人用的进位制数字系统基于 60 而非

10——也就是所谓六十进制系统（见第 16 页），他们用的数字符号也跟我们的不同。巴比伦数字 ℙ⪯ 在我们的系统里表示 100。ℙ 表示 1 个 60，⪯ 表示 40 个单位 1，加起来是 100。但是，如果 60 位上没有数怎么办？在 ℙ ⪯ 这个例子里，他们用了一块留白，所以它在我们的系统里表示 3640。ℙ 表示 1 个 3600（60×60），⪯ 表示 40 个单位 1。符号之间的留白表示这个数里的 60 位上没有数。一个数里要是有好几处留白就很恼人了。

标记

这套系统使用数百年之后，公元前 700 年，巴比伦数学家开始在大数的留白处加个钩形符号。这是零的符号的开端，但它并非数字，只是留白的标记。同一时期，古希腊人在记录里使用圆形符号来表示零。引入这个符号的可不是数学家，他们并不使用大数，因为他们研究的其实是关于线与形状的几何学。实际上，是古希腊天文学家在他们对恒星或行星没有合适的度量符号可用的时候，画下了圆圈。

表示零的词汇

表示零的词汇比表示其他数字的词汇多多了。它们不仅表示"空"或"无"，也有其他特定含义。

cipher   没有数量
null   空，或无的数量
naught   古英语里的"空"或"无"
love   网球中的零分，来自法语词汇 "l'oeuf"（"蛋"的意思）
goose egg   美国术语里的零分
nil   来自拉丁文，意为"空"或"无"
oh   形如零的字母

Ø 计算中用带杠的零，避免与字母 O 混淆

网球比赛中可没有选手想得零分（译者注：网球中的零分写成"love"——色即是空）。

| | | | | | | | | | |
|1|2|3|4|5|6|7|8|9|0|

这些是巴克沙利手稿——大约 1000 年前古印度的一本数学书——里面的数字，其中已经将圆点当作零。

"obol"用来当计数的筹码，摆在地上当算盘子的替代品。把一枚银币挪开了，沙地上就留下个圆圈。圆圈就表示空白嘛！

空白

古希腊的圆圈是最初的零吗？未必，因为古希腊人不是把它当作数字来用的，但或许它是我们如今把零写作 0 的由来。谁也不知道古希腊人为什么用圆圈来表示零。有人猜想这个是希腊字母 O（欧米克戎）——希腊文"ouden"（"空"或"无"的意思）的首字母。有人认为圆圈表示"obol"——最小的希腊银币，不值什么钱。

点，点，点

无论什么原因，现代的零总归是个圆圈。但是，第一个真正的零其实是个圆点。在公元 6 世纪的印度，印度－阿拉伯数字系统发展起来了（就是我们现在所用的，见第 24 页），数学家在数字中没有取值的地方点个圆点。印度符号跟西方的不同，其系统形如这样：2·1意思是201；1··3意思是1003。公元 9 世纪，圆点变成了小圈，也许是沿用古希腊字母，也许只是与古人暗合，无人得知。

"零"这个字源自"空白"的概念，用"sunya"来描述。这个单词来自梵文——古印度的一种文字，意为"沙漠"。

西风

　　早年间印度语里管这个圆点叫 kha，但是当印度－阿拉伯数字系统传到欧洲的时候，它有了个阿拉伯名字——sifr，"空白"的古语。1202 年，斐波那契在他的著作《计算之书》（见第 25 页）中写下了零，谈到阿拉伯人称这个数字为"zephirum"。这个词在意大利语里写成"zefiro"，是"西风"的意思。最后，"zefiro"缩减为"zero"，这个名字就传播开来：于 1598 年在英国首次使用。

公元纪年以相传的耶稣基督诞生之年作为公元元年。但是没有公元 0 年这个说法，公元元年的前一年是公元前 1 年。

小于零

　　随着数字的变革，零带来一种全新的做数学之道——甚至把数字的个数翻了一番。公元 7 世纪，正是零的破晓之际，印度数学家布拉马古普塔开始考虑含有零的求和问题。把零加到一个数上，还是原来的数；从一个数中减掉自己就成了零。但是从零中减去一个数会怎么样？结果是负数，跟别的计数（正数）方法一模一样，只不过是小于零，而不是大于零。这就引出了一个新的数集，所谓整数——所有正整数，所有负整数，还有零。

负数　　负数和正数的运算规则如下：两个正数相加得正数；两个负数相加得负数；正数加上一个负数相当于减掉一个正数；减掉一个负数相当于加上一个正数；相同符号的数（无论正负）做乘法或除法必为正数，因为负负得正；不同符号的数做乘法或除法必为负数。

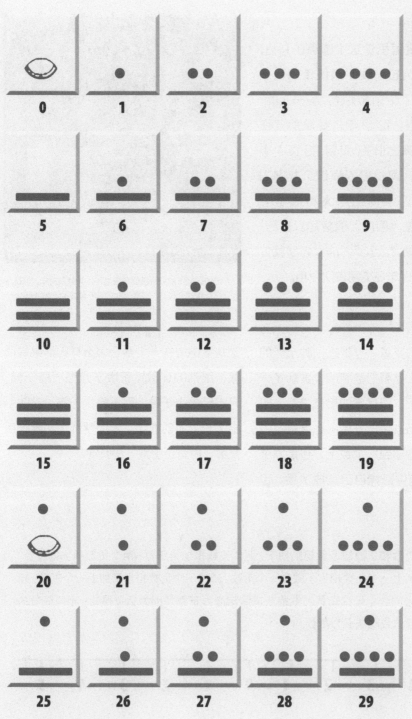

玛雅数字系统只有 3 种符号：圆点或卵形表示 1（左图中用圆点示意），横杠表示 5，贝壳表示 0。我们逢 10 进位是因为手指有 10 个，玛雅数字逢 20 进位是因为手指和脚趾共有 20 个。玛雅数字使用进位制系统，单位 1 在底下，往上是 20 位，然后是 400 位（20×20），然后是 8000 位（20×20×20），如此这般。个位数最大是 19。20 是一个圆点（表示 20）横亘于一个贝壳（0）之上，21 是一个圆点（20）叠在另一个圆点（1）上面，如此这般。玛雅数字在表示大数时很有效率，可以应用于他们复杂的历法，比如玛雅数字的 9999 相当于现代数字的 75 789。

美洲领先

零的故事随着知识的传播，从一种文化传到另一种文化，从印度传到波斯、北美洲、欧洲。但是，很久以前，欧洲人、非洲人和亚洲人试图解决的零的问题，其实中美洲的玛雅人早已解决了。他们的数学知识并未传播，所以如今我们采用的术语是"零"，而不是"壳"或者其他什么的。从大约公元前 1000 年开始，玛雅人居住在如今的墨西哥和危地马拉，而他们的文明在公元 3 世纪达到巅峰。此时他们发展出一套进位制数字系统，与印度 – 阿拉伯数字系统相似，但比之领先了若干世纪。

点点杠杠

纪念碑上的玛雅数字，圆点代表 1，横杠代表 5，贝壳代表 0（更多内容参见第 34 页）。日常的数学运算都是用这些点点杠杠完成的，它们用各种模式排布起来表示数量。这种数字的表示方式简洁至极、无可改进，点点杠杠简单地排列在一起，每 5 个点进位成一横杠，每 4 个横杠进位成 20，于是在贝壳符号上方加个圆点来表示。这套系统这么简单，即使是很大的数字的加法都可直接计算，不费思量。

> 参见：
> ▶ 数字系统，第 16 页
> ▶ 无穷大，第 152 页

无穷大

最最简单的乘法表是你绝对无须特意去学的：零乘以任何数还是零。如果你什么都没有，无论翻多少倍，还是什么都没有。如果你用零除以任何数，还是零，理由同上。但是如果你拿任何数除以零会怎么样呢？——你永远可以在存在里找到"空"或"无"。这就是答案为无穷大的由来吗？详细内容见第 152 页。

勾股定理和 勾股数

毕达哥拉斯或许是世界上名声最响亮的数学家，他因以其大名命名的关于三角形的定理而家喻户晓。然而，他在乘方及用乘方研究自然世界方面也有建树。

毕达哥拉斯定理（我们常称为"勾股定理"）是显示数学之美的一个典范。它易懂易用，时时可用，又揭示了世界的奥秘。提醒一下未曾领略或者业已忘怀这一点的人，它是这样的：三角形有个直角，即两条短边夹角为90°，跟长方形或正方形的角是一样的，这样的三角形的3条边的长度满足勾股定理，你可以用两条边的长度计算另一条边的长度。规则是 $h^2=a^2+b^2$，或者说，长边（弦 h）长度的平方等于两条短边（a 和 b）长度的平方和。公元前 6 世纪，毕达哥拉斯对这一定理进行了证明，但是其实在他之前数百年勾股定理就已经投入实际应用了……

平方与根

在此我们需要对术语加以解释。平方就是一个数乘以它自己的结果（见第 76 页：乘方）。平方根则反之，它的平方就是你之前选定的那个数。所以，2^2 是 $2×2=4$。4 的平方根，写作 $\sqrt{4}$，就是 2 和 -2。你既要会算平方，也得会算平方根，才能应用勾股定理。平方根乃是毕达哥拉斯数学生涯的最大困扰，我们稍后再叙，且看一道古埃及绳结问题。古埃及人知晓短边为 3 和 4 个单位长的直角三角形，长边是 5 个单位长。我们验算一下：$3^2=3×3=9$，$4^2=4×4=16$，$9+16=25$，所以 25 就是弦长的平方，25 的平方根就是 5（$5×5=25$）。

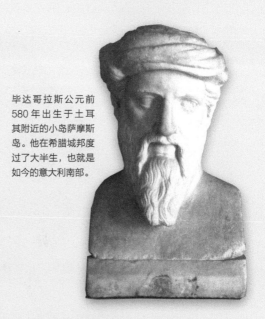

毕达哥拉斯公元前 580 年出生于土耳其附近的小岛萨摩斯岛。他在希腊城邦度过了大半生，也就是如今的意大利南部。

空间测绘

古埃及人知道边长为 3、4、5 的三角形必然有个直角，这在尼罗河畔进行田地测绘时太有用了。尼罗河年年洪水泛滥淹没农田，洪水退后出现新田。测绘者，人称引绳者，在法老治下工作，确保土地完美分配。引绳者用绳子标记又窄又长的地块，每条地块都得有合适的尺寸和形状，这至关重要。他们用 12 个绳结的绳圈来标记角。打结的绳圈就构成边长为 3、4、5 的三角形，有个完美的直角。这样便于保证每条地块宽度相同。3、4、5 就称为勾股弦三元数，因为它们是满足勾股定理的 3 个整数。

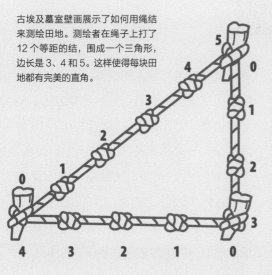

古埃及墓室壁画展示了如何用绳结来测绘田地。测绘者在绳子上打了 12 个等距的结，围成一个三角形，边长是 3、4 和 5。这样使得每块田地都有完美的直角。

展示勾股定理的方式之一是用正方形。一个数进行平方运算相当于以它为边长做个正方形。如对 *a* 进行平方运算相当于以 *a* 为边长做个正方形。

绿色正方形的面积加上粉色正方形的面积等于黄色正方形的面积。数数小方格即可。这是对勾股定理最简单的证明。

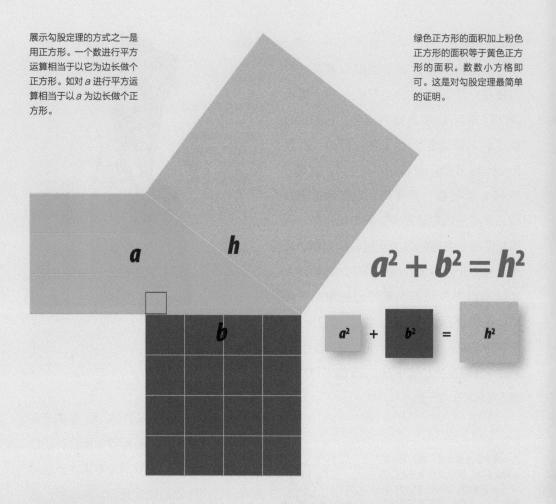

$$a^2 + b^2 = h^2$$

数字是神圣的

毕达哥拉斯早就知道了有用的三元数 3、4、5。他青年时代远赴埃及，甚或印度，学到了许多东西，尤其是数学。最终他来到古希腊城邦克罗顿（在如今意大利南部），建立了一个数学家的团体。当时人们深信是毕达哥拉斯提出并证明了毕达哥拉斯定理，但是专家认为他的许多发现其实是团体中其他人的成果。对于毕达哥拉斯和他的信徒而言，数字是神圣的。他们相信整个宇宙都是以整数建立的（在他们看来，分数并不是数）。对于他们而言，毕达哥拉斯三元数（勾股数）——比如 5、12 和 13，9、40 和 41（自己验算一下）——乃是解开全部几何形状之谜的线索。他们认为这种数展现了神祇的作品。

毕达哥拉斯数

毕达哥拉斯学派相信数字在自然界是永远存在的，他们的任务就是发现其功用。在表达数量之外，他们认为数字也代表其他含义：一是万数之源，代表缘由、本元和稳定；二则反之，代表不同与未知，它也代表阴性；三是一与二的加和，所以是和谐与完美的象征——是阳性；四代表正义，是人与自然的纽带；五是二与三的和，因此也是阴阳调和、连理相偕的象征；六代表强力非凡，它是二（阴）与三（阳）的乘积，引起新生命的诞生，六也是最小的完全数（见第 66 页）。现在你大概认为毕达哥拉斯十分古怪，他的邻人也有同感呐。

秘密社团

毕达哥拉斯学派是非常秘密的团体，成员甚是居高自傲。要想加入这个社团，你得通过非常难的数学考试。脑力绝佳的智者得通过一系列秘密仪式才能入社。成员的生活遵循一套"黄金法则"。其中很多法则我们如今是很认同的，比如鼓励温柔敦厚、俭行勤学。也有毕达哥拉斯学派是素食主义者的观点。我们对于毕达哥拉斯学派成员的生活法则知之甚少，需依据后人描绘。有些人乱堆史料，显得古人滑稽荒唐。比方，传说毕达哥拉斯学派害怕小白鸡，另外碰触豆子则糟糕透顶！

分门别类

毕达哥拉斯喜欢把数字分组。比方说，他把偶数分成 3 组："偶偶"数就是能对半分开，再对半分开，如此一直到 1 的数，例如 2、4 和 8。"奇偶"数是对半分开一次就得到一个非 1 的奇数的数，例如 6、10 和 14。最后，12 是第一个"奇

音乐　有这样一个传说：毕达哥拉斯听到铁匠工作时锤子发出的声音十分震耳，他发现大锤的声音比小锤低，于是他弹拨各种长度的琴弦，来深探乐理。这是最早的用数学来描绘音乐以及音符与琴弦的关系的尝试。

奇”数，这种数能对半分开不止一次，最终得到一个非 1 的奇数（见第 64~65 页方框）。

万数皆形

毕达哥拉斯学派很强调数字的可视化，他们或许还用各种形状的小石子来研究数学。他们发现，使用他们独创的特殊格式，各组数字可以表示不同形状。三角数是 1、3、6、10 和 15，因为它们可以摆成三角形。四方数是 1、4、9、16 和 25。这套系统从 1 开始不断扩展可构成更复杂的图形，比如五边形和六边形。

原子数

你已经注意到啦，上面提及的数都是整数。毕达哥拉斯相信自然界的任何事物都是由整数聚合成的，聚合的结果会越来越复杂，越来越多样。他认为万物之源是 1，他用石子在地上摆出了最简单的三角形和四边形，然后构建了更复杂的结构。从某种角度上看，毕达哥拉斯对自然的观点确有其理。我们现在知道万物是由原子构成的，原子再组成分子，跟他用 1 构成的图形十分相似。

平方问题

毕达哥拉斯认为小数不属于自然界。

无理数

$$\sqrt{2}=$$

2 的平方根介乎 1 与 2 之间，但是没法完全写出来，是一个无限不循环小数！这就是无理数，也就是说它不能表示为分数。

1.414213562373095048801688724209698078569671875376948
85073721264412149709993583141322266592750559275579995
04843087143214508397626036279952514079896872533965463
08498847160386899970699004815030544027790316454247823
42183342042856860601468247207714358548741556570696776
00311388246468157082630100594858704003186480342194897
10896750401836986836845072579936472906076299694138047
14781058036033710773091828693147101711116839165817268
94617511291602408715510135150455381287560052631468017
28783762938921430065586956868596459515550164472450983
85497414389991880217624309652065642118273167262575395
40083457085181472231814204070426509056532333398436457
21773879919455139723127406689832998989538672882285637
88345260965240965428893945386466257449275563819644103
06585132217408832382947287617393647467837431960001592
83329525467585164471075784860246360083444911481858765
56706768836055717400767569050961367194013249356052401

他说任何事物都可以用整数解释。但是，这个想法有个大问题，恰恰来自勾股定理本身。考虑一下正方形，问题来了。正方形有 4 条长度相等的边，我们可以认为边长是 1。现在从一个角画一条对角线，就得到两个直角三角形。它的弦有多长呢？勾和股都是 1，计算倒是很容易。1 的平方是 1（1×1=1），所以勾与股的平方和就是 1+1=2。因此，弦长就是 2 的平方根，或者说 $\sqrt{2}$。什么数自乘等于 2？这可没有

希帕索斯

希帕索斯是毕达哥拉斯的门徒，传说是他发现了 $\sqrt{2}$ 的问题。有人说他把这个大难题泄露出去了。故事的后来，希帕索斯与毕达哥拉斯出海钓鱼，只有毕达哥拉斯全身而返！

整数解，只有一串复杂的小数（见下部方框）。所以，这个勾股定理的简单的例子表明毕达哥拉斯的理念并不成立！这成了毕达哥拉斯学派秘而不宣之事，多言者，斩！

7973799073247846210703885038753432764157273501384623091229702492483605578206057147010955997160597027453459686201472851741864088919860955232923964062061525835239505474575028775996172983557522033753185701135437460343691862158057846311159666871301301561856898723723528850926486124949771564854470158588016207584749226572260020855844665214583988939443709265918410450726368813137398552561173220402450912277002269411275736272804957387289971803268024744206292691248590521810044598421505911202494413417285387165821521282295184884720896946338628915628827659526351405422676532396539694702403005174953188629256313851881634780015693691768818523786840528873231143894155766510408839142923381132060524336294853170499157717562259346372386322614827426222086711558359992652117625269891754098815934869651926729239987536661721598257886026336361782749599421940377775368142666251996658352577619893932284534473569479496295216889148549253890475582306185201937938494400571563337205480685405758679996701213722394758214263485761725221186749042497736692920731109636972160893370866115673458533445512331421992631133251797060843655970435285641008791850076036100915946

残酷结局

毕达哥拉斯约于公元前 500 年逝世。传说克罗顿本地居民与其学派争辩失败，于是谋杀了他。（毕达哥拉斯为枪所指，原拟奔逃，为豆田所羁。因其教旨，他不能进入豆田，于是被捕，受死。）如果这是真的——我们对毕达哥拉斯所知之事多有疑点——这倒不愧为一代数学宗师之死。

三角之外

显而易见，勾股定理在今天依然适用，对它继续探索的另一位大数学家是欧几里得，毕达哥拉斯之后 200 年的古希腊数学大师。欧几里得成功展示了勾股数有无穷多组。勾股数的形态迄今人们仍在研究。欧几里得也展示了所有交叉的线可以用勾股定理刻画，因为它们可以构造成直角三角形的两条边。不符合这个的只有永不相交的平行线。中国数学家早在公元前 3 世纪就开始使用勾股定理，伊斯兰学者研发了多种新方法来证明它。公元 11 世纪，波斯数学家阿尔比鲁尼甚至以此计算地球的大小。但是最终，毕达哥拉斯最惊艳的发现正是他保守秘密的那个数——$\sqrt{2}$，这个数打开了数学的新领域。

参见：
▶ π，第 68 页
▶ 乘方，第 76 页

毕达哥拉斯学派既是数学学派，也是宗教团体。毕达哥拉斯与其门徒相信人会重生，认为人的灵魂会转世成动物形态。他的门徒在他死后仍传道授业数百年之久。

原理

　　勾股数有无穷多组，构成了各种各样形状和大小的边长为整数的直角三角形。(图为示意，未按比例。)

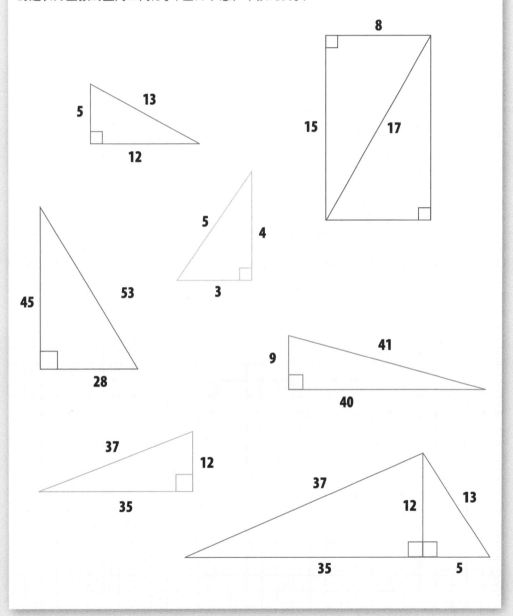

黄金比例

在黄金比例中，数学与艺术交汇。许多人说发现数学的过程很美，而黄金比例展示了美如何成其为数学。

黄金比例是数学中最为迷人的看点之一。许多鼎鼎大名的人物在年年岁岁中研究它的魅力，其中包括古希腊数学家欧几里得、古罗马工程师维特鲁威（他修建的大水渠迄今屹立）、意大利艺术家列奥纳多·达·芬奇，还有法国建筑师柯布西耶，他创新领导了建筑工程项目，设计了可供大规模人群居住的理想住所。（他的设计造价高昂，但是比 20 世纪广泛建造的那些廉价的替代品强很多。）

黄金比例有 3 种写法：一个希腊字母 φ，一个复杂的算式，或者一个无限不循环小数。

比例

那么，到底什么是黄金比例？首先，我们来理解术语"比"的含义。比是数学上连接两个数的办法，表示第一个数包含了第二个数的多少倍。例如，10 与 2 的比是 5∶1，这意味着 10 是 2 的 5 倍。比在刻画实物数量时很有用。比如说，如果一包糖有 16 块巧克力和 12 块柠檬糖，那么巧克力与柠檬糖的比就是 16∶12，可以简化为 4∶3。这个比告诉我们一包糖里每 4 块巧克力，都有 3 块柠檬糖与之相对应。这就给了我们两种糖的数量之比。一共有 28 块糖，巧克力与全部糖的数量之比是 16∶28，或者说 4∶7。这可以写成分数 4/7，或者十进制小数 0.57（也就是 4 除以 7）。

$$\frac{1+\sqrt{5}}{2} = 1.6180339887498948482\cdots$$

菲狄亚斯，黄金比例的命名者，正在雅典展示他的艺术品。

分割线段

比可以用来刻画一条线段分段的方式，这正是黄金比例的意义所在。把一条线段分成两段，这里不是对半分，就产生了两个比：第一个是长线段与短线段之间的比，第二个是整个线段与长线段之间的比。黄金比例是某种分割使得两个比一致的结果。换言之，"整个的比长的，等于长的比短的"。人们花了数百年才计算出，黄金比例在长线段与短线段之比为 1.618 的时候才能实现。

菲狄亚斯的 Φ

黄金比例实际上是一串无限不循环小数，永远也写不完（见第 40 页）。数学家称它为 Φ，这是菲狄亚斯的名字的首字母（希腊字母），他是古希腊雅典的帕特农神庙的建筑师。他在这一巨作中用到了黄金比例。

在帕特农神庙里，数学家找到许多黄金比例的例子，比如一面墙的高和宽的比。

极端与平均

跟用于建造帕特农神庙一样，黄金比例也用在许多艺术作品上——常常出于偶然，有时也在花朵之类自然的景物中出现。稍后我们可见更多，但我们首先看看数学之美吧。对黄金比例的值的研究始于欧几里得，他的工作是在菲狄亚斯建成帕特农神庙一个世纪之后进行的。欧几里得称黄金比例"又极端又平均"。他知道如何在一条线段上表示黄金比例，但是他无法计算各段线段的确切长度。

最初的计算

计算黄金比例涉及非常复杂的数学知识。我们设想线段长为 1 个单位长度，添上怎样一条短线段使得这两部分之比呈黄

黄金矩形　长边与短边呈黄金比例的矩形就是黄金矩形。从矩形中划分出一个正方形（图中绿色区域）后，就在旁边造出了一个小矩形，它和母体一样也是黄金矩形。你可以继续划分，造出无穷无尽的黄金矩形。主对角线（图中白线）穿过所有矩形的一个角。

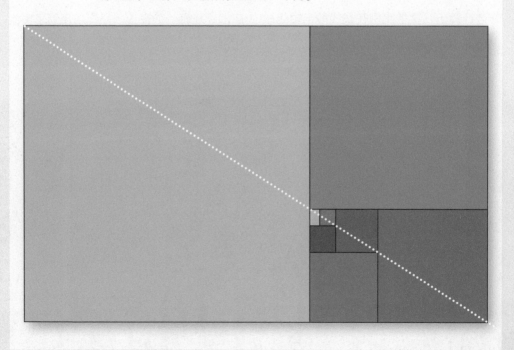

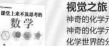

视觉之旅
神奇的化学元素（少儿版）

作者：[美] 西奥多·格雷
译者：陈晟
书号：978-7-115-60379-1
定价：59.90 元

▶ "科学怪人"西奥多·格雷新品！专为 3-12 岁儿童写作的爆款化学启蒙书。

▶ 精心选取近 20 种日常生活中最常见、最有意思的化学元素，解答孩子最感兴趣的问题。

名家自然故事

作者：有识文化
书号：978-7-115-61846-7
定价：158.00 元

▶ 名家名篇，唯美绘本演绎。幼小衔接，为小学中高年级语文学习打基础。

▶ 精心的导读和作家小传，帮助孩子更深入地了解作者。自然小百科和趣味练习，让阅读更快乐。

全彩图解儿童感觉统合
与功能性训练游戏

作者：潘莹
书号：978-7-115-61525-1
定价：69.80 元

▶ 专为中国家庭定制的感统游戏训练书，一线 k6 班主任近 30 年科学指导经验分享，经约 3000 个家庭实践证实有效。

▶ 一本非常实用的游戏指导手册。

童话里的"坏蛋"
给孩子的第一本反霸凌认知书

作者：[意] 埃莱奥诺拉·福尔纳萨里
译者：侯玮琳
书号：978-7-115-62060-6
定价：64.00 元

▶ 精选 14 个孩子非常熟悉的童话故事，用故事中的人物告诉孩子哪些行为是欺凌、应该怎么应对。

▶ 插画精美，每一个形象都深入人心。语言低龄化，专家导读，帮助孩子树立正确的价值观。

了不起的化学元素
了不起的化学元素 2
奇妙化合物

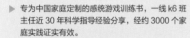

作者：刘希娅（SSnAr）
书号：978-7-115-57276-9
　　　978-7-115-59966-7
定价：59.80 元

▶ 荣获 2022 年桂冠童书。

▶ 把化学知识跟卡通形象结合起来，将抽象的元素转化成具体的各有特点的形象。是送给 4-8 岁小朋友的第一本化学启蒙书。

小彗星旅行记
普通版 / 注音版 / 有声伴读版

作者：徐刚
书号：978-7-115-30652-4
　　　978-7-115-55720-9
　　　978-7-115-56029-2
定价：35/39/69.90 元

▶ 入选教育部中小学阅读指导目录，2021 年"连岳读书"最受欢迎的十本童书。

▶ 巧妙将天文知识融入曲折生动的故事情节中，为小读者们展现了一个既恢弘壮阔又充满童趣的太阳系。

离散的魅力
世界为何数字化

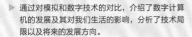

作者：[美] 肯·施泰格利茨
译者：范全林 时蓬
书号：978-7-115-54108-6
定价：69.90 元

▶ 通过对模拟和数字技术的对比，介绍了数字计算机的发展及其对我们生活的影响，分析了技术局限以及将来的发展方向。

▶ 融入了对历史的回顾、对重大计算理论的介绍以及技术趋势分析。

无穷的开始
世界进步的本源（第 2 版）

作者：[英] 戴维·多伊奇
译者：王艳红 张韵
书号：978-7-115-50509-5
定价：75.00 元

▶ 这是一本可以改变思维模式的著作。

▶ 以极为清晰的思路和开阔的视野，阐述了启蒙运动以来人类在知识方面的不断进步及进步的根源和本质。

蒙尘缪斯的微光
从古代到启蒙时代的博学女性

作者：[芬] 马里奥·T. 努尔米宁
译者：林铮颉
书号：978-7-115-48870-1
定价：88.00 元

▶ 故事新颖，能让你了解到那些你可能之前从未听说过但在人类历史上散发光芒的博学女性。

▶ 内容深刻丰富，涵盖化学、哲学、数学、物理、文学、天文学等多个领域，不仅介绍这些博学女性的人生简历，还从她们的故事引申出更深刻的时代背景。

欢迎来到宇宙
跟天体物理学家去旅行

作者：[美] 尼尔·德格拉斯·泰森 等
译者：孙正凡 梁焰 李昃
书号：978-7-115-56010-0
定价：99.90 元

▶ 本书的编写基于三位作者多年来共同讲授的一门面向非天文专业学生的基础课程，书中延续了课程讲授的通俗性、趣味性和严谨性。

▶ 内容涵盖行星、恒星、星系、黑洞、虫洞、时间旅行、多重宇宙、外星生命等方面。

暗淡蓝点
探寻人类的太空家园

作者：[美] 卡尔·萨根
译者：叶式辉 黄一勤
书号：978-7-115-36010-6
定价：49.00 元

▶ 享誉全球的美国天文学家和科普作家卡尔·萨根经典作品诞辰 80 周年纪念版，也是最能代表 20 世纪的百大好书之一。

▶ 主题关系到人类生存与文明进步的长远前景：在未来的岁月中，人类如何在太空中寻觅与建设新家园。

隐藏的现实
平行宇宙是什么

作者：[美] 布莱恩·格林
译者：李剑龙 权伟龙 田苗
书号：978-7-115-56031-5
定价：79.90 元

▶ 作者是美国当前高人气科普明星、畅销书作家、弦理论家，是《生活大爆炸》第 20 集的主角。科幻作家刘慈欣倾情推荐。

▶ 展示了一系列截然不同的多重宇宙模型，为我们揭示现实中有多少本性深深地埋藏在平行世界之中。

数学之美
第三版

作者：吴军

书号：978-7-115-53797-3

定价：69.00 元

▶ 荣获文津图书奖、中华优秀出版物奖、全国优秀科普作品、向全国青少年推荐百种优秀图书。

▶ 在科学研究中，方法远比结论重要。好的数学方法往往简单明了，直达本质。简单即是美。

文明之光
精华本

作者：吴军

书号：978-7-115-44355-7

定价：128.00 元

▶ 荣获 2014 年中国好书。

▶ 从罗马人的故事、瓷器、垄耕种植到铁路、原子能、航天，人文主义视角回看世界通史，理性乐观派解构上下五千年文明发展。

浪潮之巅
第四版

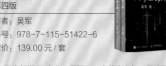

作者：吴军

书号：978-7-115-51422-6

定价：139.00 元 / 套

▶ 深度剖析 IT 产业，掌握下一个黄金十年，吴建平院士、李开复博士作序推荐。

▶ 人的商业眼光不是天生的，需要不断地、用心地学习；技术的发展不是均匀的，而是以浪潮的形式出现。

大学之路
陪女儿在美国选大学（第二版）

作者：吴军

书号：978-7-115-47029-4

定价：99.00 元 / 套

▶ 新东方创始人俞敏洪作长篇序推荐，北京四中、清华附中校长推荐。

▶ 深度剖析教育理念，系统介绍英美大学的教育方法、办学理念和招生特点，及英美名校的特色和差异。

硅谷之谜

作者：吴军

书号：978-7-115-41092-4

定价：59.00 元

▶ 荣获 2016 中国书业年度图书。

▶ 深度剖析硅谷的起源和发展，还原硅谷成功的真相。探求背后的科学基础，揭示为什么硅谷难以复制。

具体生活

作者：吴军

书号：978-7-115-49013-1

定价：79.00 元

▶ 来自吴军博士得到专栏《硅谷来信》，无论阅读旅行，还是审美格调，都别有一番趣味与洞见，对当下忙碌之人的参考意义不亚于向他们传授的职场经验。

▶ 生活的风范、品味和认知水平或许能帮助我们，找回真实的自己。

实验室的魔法手册

作者：杨帆
书号：978-7-115-50544-6
定价：79.80 元

▶ B 站大咖"真·凤舞九天"（杨帆）关于趣味化学实验的系列短片集结，集科教与娱乐于一体，告诉你化学反应之中蕴含的真相到底是什么。

▶ 配套提供 40 多段小视频，让你在酷炫的视觉体验中感受化学的妙趣。

疯狂化学

作者：杨帆
书号：978-7-115-39166-7
定价：69.00 元

▶ 优酷网和 B 站近百万点击量的"疯狂化学"系列视频内容完全呈现。

▶ 精选 50 个现象各异的化学实验，用摄影手法再现精彩，用现象明显的化学反应和巧妙的摄影技术来展现化学美丽的一面。

美丽的化学元素

作者：吴尔平
书号：978-7-115-60058-5
定价：89.90 元

▶ 荣获 2023 年度中国好书。

▶ 美丽的视觉之旅，500 种精选藏品，600 多幅华丽图片，118 种元素，集高清微观摄影，3D 在线视频，趣味冷知识等，历时 7 年创作完成。

▶ 这里有你不知道但却想知道的元素知识，是化学课堂的最佳拓展，让今后的学习更加游刃有余。

元素公仔

化学与生活（漫画版）

作者：[日] 寄藤文平
译者：张东君
书号：978-7-115-55450-5
定价：59.90 元

▶ 作者是日本非常知名的插画艺术家、平面设计师及畅销书作家寄藤文平先生，他设计的漫画将知识与漫画融为一体，寓教于乐。

▶ 这本书将孩子走进不一样的化学元素世界，摆脱枯燥、抽象的化学原理和陌生的概念，赋予元素个性，激发孩子对化学的兴趣。

奇妙的元素周期表

作者：[英] 汤姆·杰克逊
译者：王艳红
书号：978-7-115-48960-9
定价：68.00 元

▶ 通过可视化的编排形式，生动直观地展示了元素周期表的编制原理和物质的基本性质，同时还逐一介绍了 118 种元素的基本属性、发现过程、命名、地理分布和实际应用等。

嗨！元素

小剧场
奇幻旅程
元素使者和化合物精灵

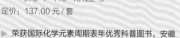

作者：美丽科学
书号：978-7-115-49575-4
　　　978-7-115-48313-3
　　　978-7-115-46122-3
定价：137.00 元 / 套

▶ 荣获国际化学元素周期表年优秀科普图书，安徽省优秀科普作品。

▶ 灵动漫画连接科学和艺术，兴趣激发带来化学之美，萌到翻的科普漫画形象，带孩子了解化学元素世界中的十万个为什么。

宇宙通识课
从爱因斯坦到霍金

作者：赵峥
书号：978-7-115-61157-4
定价：59.90 元

▶ 作者是备受尊敬的中国物理学界前辈，师从诺贝尔奖获得者，本书汇集了他 50 多年的学术精华与思考。

▶ 涵盖超过 50 位物理学家及其研究，物理知识与"八卦"故事双线并行，原内容在 B 站的付费播放量达到近 500 万。

前进中的物理学
与人类文明

作者：李学潜
书号：978-7-115-59696-3
定价：69.80 元

▶ 高能物理学家李学潜教授从牛顿力学讲起，简明介绍了经典电磁学与统计物理学、狭义和广义相对论、量子物理等相关知识和重要的进展。

▶ 剖析了物理学与数学的关系，以及物理学与科学技术各领域的发展和人类文明发展的密切联系。

量子矩阵
奇异的量子世界之旅

作者：[以] 格申·库里茨基 等
译者：涂泓 冯承天
书号：978-7-115-59787-8
定价：69.90 元

▶ 本书涵盖量子物理的基础知识及最新进展。各章由一个虚拟的漫画故事引入，然后在此基础上展开叙述，通过其他三个不同的板块介绍量子物理的基本概念、原理以及相关知识。

物理学史话
在悖论中前行

作者：汪振东
书号：978-7-115-48076-7
定价：49.00 元

▶ 以时间为主线，通过一段段生动的故事展现物理学的发展历程，以历史的眼光看待这些正确的理论以及已被抛弃的错误理论对物理学的发展所起的作用。

▶ 介绍了一些物理学家之间的恩怨纠葛，力图还原历史人物的真实面貌。

相对论
狭义与广义理论

作者：[美] 阿尔伯特·爱因斯坦
译者：王艳红
书号：978-7-115-53725-6
定价：55.00 元

▶ 包含 14 篇重要评注、爱因斯坦部分手稿、私人信函以及相对论各语种版本出版背景。

▶ 对有史以来最伟大的科学天才之一提供了深刻的洞察，同时还对过去各版本的序言进行了全面研讨，从爱因斯坦的手稿中节选出一些发人深省的内容。

行星

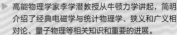

作者：[英] 布赖恩·考克斯 等
译者：朱达一 周元
书号：978-7-115-58812-8
定价：119.90 元

▶ BBC 超高人气纪录片《行星》同名图书，高清大图，精良制作。

▶ 优美的文字、可靠的证据、最新的信息，全面介绍了太阳系中各大行星的诞生和演化历程，将一个个充满惊奇的异星世界展现在我们的眼前。

地球脉动
前所未见的自然之美

地球脉动 2
奇迹世界

作者：[英] 阿拉斯泰尔·福瑟吉尔
　　　[英] 斯蒂芬·莫斯
书号：978-7-115-42594-2
　　　978-7-115-49148-0
定价：99.9/109.90 元

▶ BBC 纪录片同名图书，被誉为"对地球行星的空前礼赞"，BBC 金牌制片人大卫·阿滕伯勒作序。

▶ 通过开创性的航空监测技术以及超高清晰度的拍摄技术，用镜头记录下了地球上那些绝美至极、令人惊叹的神奇画面。

地球生命的历程
修订版

作者：[英] 理查德·穆迪 等
译者：王烁 王璐
书号：978-7-115-61298-4
定价：168.00 元

▶ 荣获第五届中国科普作家协会优秀科普作品奖金奖，入选中华优秀科普图书榜。

▶ 权威、系统地讲解地球 46 亿年的演变奇迹，看生命如何塑造地球的模样。全书 400 多页，大场景还原图让人身临其境，讲清 18 个主要地质时期的地质和生物演化。

你不可不知的古生物奥秘

作者：[日] 大桥智之
译者：曾玉尔
书号：978-7-115-60442-2
定价：39.80 元

▶ 日本自然历史博物馆馆长介绍了 45 种极具代表性的古生物，还告诉我们古生物到底是门怎样的学科，科学家是如何做研究的。

▶ 阅读轻松无负担，精致小开本，图文各半。

寻秘自然

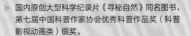

作者：汪诘
书号：978-7-115-59896-7
定价：99.80 元

▶ 国内原创大型科学纪录片《寻秘自然》同名图书，第七届中国科普作家协会优秀科普作品奖（科普影视动画类）银奖。

▶ 介绍了生命起源、物种灭绝、恒星光变等 8 个重要的自然之谜，并展现了中国科学家挑战这些谜题所获得的重大成果。

手绘海洋动物
修订版

作者：张茂霖
书号：978-7-115-59871-4
定价：59.80 元

▶ 插画荣获全球插画奖中国区科普插画类优秀奖。

▶ 呈现十多种海洋馆中见不到的海洋动物，温馨有趣的海洋动物小故事，呈现海洋动物的特征和生活习惯。

树木简史

作者：[英] 诺尔·金斯伯里
译者：杨春瑞 陈汀 孙琳
书号：978-7-115-61072-0
定价：99.90 元

▶ 世界著名园艺摄影师用独特的技法尽显树木的风采，近 200 幅精美图片，探访那些在人们的生活和文化中具有重要作用或者特殊意义的树木。

数学也可以这样学

自然、空间和时间里的数学
大自然中的几何学

作者：[澳] 约翰·布莱克伍德

书号：978-7-115-51494-3
　　　978-7-115-52456-0

定价：59.00 元 / 本

▶ 获新南威尔士州教育局采用的精品数学课程。孩子自学，发现数学别样之美；教师备课，获取趣味教学素材。

▶ 将抽象的数学知识与日常生活和自然界相结合，让枯燥的知识更加生动形象，易于理解。

奇妙数学史

数字与生活
从早期的数字概念到混沌理论
从代数到微积分

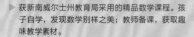

作者：[英] 汤姆·杰克逊
　　　[英] 乔尔·利维
　　　[英] 迈克·戈德史密斯

定价：157.00 元 / 套

▶ 入选中华优秀科普图书榜。

▶ 从古老的数学起源到现代的重大数学突破，以及一些重要的数学概念，以分节式小故事排列，版式活泼，随意翻开一节便可阅读。

微积分的奇幻旅程
数学定理的奇妙世界
数与式的奇趣乐园

作者：[日] 小宫山博仁

书号：978-7-115-52506-2
　　　978-7-115-53000-4
　　　978-7-115-55111-5

定价：35.00 元 / 本

▶ 日本中小学生经典科普课外读物，从数与式、数学定理到微积分，搭建小学生完整数学体系。

▶ 全面展现中小学课堂上的经典试题，做好兴趣阅读与课堂知识学习的完美链接。

数学的故事
元素的故事
电的故事

作者：夏国祥

书号：978-7-115-55718-6
　　　978-7-115-42348-1
　　　978-7-115-60056-1

定价：128.60 元 / 套

▶ 介绍了数学发展史上知名科学家的趣闻轶事、著名定理的发现过程，图片非常多，适合小学生自主阅读。

▶ 每篇故事独立成章，阅读更加轻松有趣，改变孩子对知识的刻板印象，激发学习的兴趣和热情。

有趣得让人睡不着的
数学系列

作者：[日] 樱井进

书号：978-7-115-28858-5
　　　978-7-115-41510-3
　　　978-7-115-40651-4
　　　978-7-115-39625-9

定价：112.00 元 / 套

▶ 传达了一套很新的数学理念，重点罗列了数学在现实生活中的应用，拉进读者与数学的距离和关系，帮助小学生获得学习数学的兴趣。

爱丽丝奇境解谜记

作者：[美] 雷蒙德·M.斯穆里安

译者：涂泓　冯承天

书号：978-7-115-59880-6

定价：39.90 元

▶ 包含 88 道趣味谜题，60 幅精美插图，充满了迷人的文字游戏、有趣的逻辑问题和烧脑的悖论。即使没有专业背景知识也完全可以理解它们，作者在书中给出了详细的解释。

少年数学实验
第 2 版

作者：张景中 王鹏远
书号：978-7-115-58842-5
定价：79.90 元

▶ 数学教育家张景中院士带你学数学，荣获第三届中国科普作家协会优秀科普作品奖金奖。

▶ 趣味数学实验，帮你发现生活中的数学；典型例题分析，助你快速掌握学习方法。

▶ 免费作图工具，海量学习资源，提升你的学习效率；200 多个动画课件，网络画板全程支持，带给你不一样的体验。

仁者无敌面积法
巧思妙解学几何

作者：彭翕成 张景中
书号：978-7-115-58982-8
定价：69.90 元

▶ 院士带你学数学！典型实例分析，培养几何学习思维！

▶ 设置由浅入深的 30 多个实验，让读者自己动手用计算机作图、计算、测量，通过观察图形和数字的变化，发现数学的奥秘。

七堂极简数学课

作者：张若军 高翔 范中平
书号：978-7-115-61646-3
定价：59.90 元

▶ 节选最具有代表性的数学分支，串联起数学发展史中的重要概念、人物、事件，把历史、传记、科学融为一体。

▶ 读者通过这一本书能够对数学这门学科有一个整体的清晰的完整的认识。

速算达人是这样炼成的

作者：朱用文
书号：978-7-115-60475-0
定价：59.90 元

▶ 帮助孩子提升数感，提高计算速度和效率。解决孩子对数字和算式不敏感的问题。

▶ 除了介绍史丰收速算法等传统速算法，还介绍了新的梅花积万法、九宫格速算法，可以不动笔计算任意多位数的加、减、乘、除，易学好用。

▶ 每一个知识点都总结了口诀，方便记忆；详细的实例讲解、习题及解答，非常实用。

课堂上学不到的数学

作者：[美] 阿尔弗雷德·S. 波萨门蒂尔 等
译者：范中平
书号：978-7-115-59894-3
定价：59.90 元

▶ 讲述了 80 多个有趣的数学话题，内容涉及算术、代数、几何、概率以及相关数学常识等。

▶ 这些知识超出了传统课堂的讲述范围，但与学生的学习密切相关，更重要的是展示了数学有趣的一面。

他们创造了数学
50 位著名数学家的故事

作者：[美] 阿尔弗雷德·S. 波萨门蒂尔 等
译者：涂泓 冯承天
书号：978-7-115-59524-9
定价：69.90 元

▶ 选取数学发展史上非常有代表性的 50 位数学家，介绍他们的生平故事、辉煌成就，如欧几里得、伯努利、欧拉、高斯等。

▶ 文字通俗易懂，没有数学背景的人也可以读懂。

大海的礼物
中国海洋生物手绘图鉴

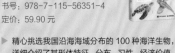

作者：龚理 杨敏 张志钢

书号：978-7-115-56351-4

定价：59.90 元

▶ 精心挑选我国沿海海域分布的 100 种海洋生物，详细介绍了其形体特征、分布、习性、经济价值，以及有关逸闻趣事，兼具知识性和趣味性。

▶ 手绘彩色插图，详尽展示物种的细节特征，并且极具艺术鉴赏价值。

童趣森林
给孩子的自然故事

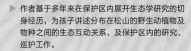

作者：王丹 等

书号：978-7-115-59477-8

定价：69.80 元

▶ 作者基于多年来在保护区内展开生态学研究的切身经历，为孩子讲述分布在松山的野生动植物及物种之间的生态互动关系，及保护区内的研究、巡视工作。

▶ 通过充满童趣且细致入微的观察视角引导孩子发现自然魅力。

远古世界
恐龙和它的朋友们

作者：[意]阿纳斯塔西娅·扎诺切利

译者：刘湃 许丹丹

书号：978-7-115-54469-8

定价：59.00 元

▶ 手绘插图，不仅展示恐龙的分布、各类恐龙的特点，以及恐龙怎么来的，又是如何消亡，继而被哺乳动物取代的，还扩充了对恐龙出现之前和之后的生物的描述，给读者更加完整的情景再现。

1 小时看懂相对论
漫画版

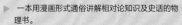

作者：武子

书号：978-7-115-47655-5

定价：59.00 元

▶ 一本用漫画形式通俗讲解相对论知识及史话的物理书。

▶ 将 100 年前相对论的成果以及沿用至今的理论，划分成一个个知识点，以风趣幽默的文字及夸张的漫画来讲述。

达尔文的物种起源
插图版

作者：[英]查尔斯·达尔文 等

译者：潘雷

书号：978-7-115-53805-5

定价：49.00 元

▶ 入选广东省"暑假读一本好书"活动。

▶ 科学改编，通俗易懂，增加了达尔文求学、游历、实验研究的经历，展现一名慈父、冒险家、科学家的一生故事。

▶ 超大幅彩色手绘插图，生动展现科学探索场景。

奇趣大自然
动物萌宝成长记（修订版）

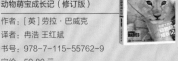

作者：[英]劳拉·巴威克

译者：冉浩 王红斌

书号：978-7-115-55762-9

定价：59.80 元

▶ 120 多幅奇妙、暖心的野生动物画面，记录了动物宝宝从初生、成长、猎食、交友到逐步成年的成长过程。

▶ 捕捉了许多动物幼年时期的珍贵时刻：有狼崽在一起嬉戏打闹，也有大象宝宝摇摇摆摆站起，迈出此生的第一步。

星空帝国
中国古代星宿揭秘（纪念版）

作者：徐刚 王燕平

书号：978-7-115-56563-1

定价：169.00 元

▶ 荣获第十二届文津图书奖，第九届吴大猷科学普及佳作奖。

▶ 以吟诵中国星象的权威著作《步天歌》为线索，配以作者首创的中国星官形象，通过图解的形式向读者揭示了中国古代星官体系的秘密。

星海求知
天文学的奥秘

作者：苏宜

书号：978-7-115-60194-0

定价：99.90 元

▶ 中国天文学课程开拓者、南开大学苏宜教授倾心力作，包含最新、最前沿的天文知识，内容丰富详实、通俗易懂、系统全面。

▶ 15 个天文知识卡，66 个独立小节，300 多幅绚烂的天文图像，带你深度邀游宇宙。

星空帝国
星图版 步天图与步天规

作者：徐刚

书号：978-7-115-57013-0

定价：139.00 元

▶ 以吟诵中国星象的权威著作《丹元子步天歌》为基础，配以作者首创的步天图，向读者揭秘中国古代星官体系的秘密。

▶ 形式新颖、有趣，非常利于天文爱好者学习古代天文，还具有一定的收藏价值。

秋之星
写给中国人的星空指南

作者：赵辜怀

书号：978-7-115-60463-7

定价：79.90 元

▶ 一本完稿于民国时期的奇书，作者赵宋庆素有"复旦八怪"之称，他是中文系教授，却给数学系开过数学课，更在天文学上造诣出众。

▶ 用 50 篇优美短文将全天八十八星座悉数呈现，融合西方的神话、中国的传说和科学观星方法，是一本极佳的适合中国人的通俗观星指南。

仰望星空
中国历史里的天文密码

作者：王玉民

书号：978-7-115-59237-8

定价：59.80 元

▶ 将天文知识与历史、地理、哲学、神话传说等结合在一起，近百幅 Q 版超萌的彩色插画，不仅展示了古代星空的大气磅礴，更揭示了中华文化的历史底蕴。

▶ 近百个天文卡片和诗词赏析，让读者在了解中国古代星宿的同时，不断扩展自己的天文知识和文学修养。

星座物语
走进诗意的星空
天上疆域
星图中的故事

作者：李亮

书号：978-7-115-56679-9
978-7-115-56305-7

定价：79.90 元 / 本

▶ 前者介绍了现在国际上公认的 88 个星座的源流以及那些曾经在历史上短暂存在过的星座。

▶ 后者不仅介绍星座的起源与确立的过程，还透过传统星图展示了科技与艺术上的融合。

微积分的故事

作者：[英] 大卫·艾奇逊
译者：吴健 欧阳臻
书号：978-7-115-56018-6
定价：45.00 元

▶ 简短、优美，仅关注微积分的产生及关键的思想，不涉及旁支末节，易于初学者接受。

▶ 以讲故事的方式娓娓道来，辅以生动的图示和富有历史气息的图片，是轻松入门微积分的佳作。

数学可以这样有趣

作者：[美] 阿尔弗雷德·S. 波萨门蒂尔 等
译者：朱用文
书号：978-7-115-59140-1
定价：69.90 元

▶ 作者从一个不寻常的角度，介绍了各种各样的奇妙数学知识，其中包括数字关系的特殊性、令人惊讶的逻辑思维、不同寻常的几何特性、看似困难问题的简单解法、代数和几何之间的奇妙关系、对普通分数的新看法等。

1 小时漫游奇妙数世界

作者：[英] 蒂姆·索尔
译者：梁超 张诚
书号：978-7-115-59832-5
定价：39.80 元

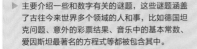

▶ 主要介绍一些和数字有关的谜题，这些谜题涵盖了古往今来世界多个领域的人和事，比如德国坦克问题、意外的彩票结果、音乐中的基本常数、爱因斯坦最著名的方程式等都被包含其中。

认识无穷的八堂课
数学世界的冒险之旅

作者：[以] 哈伊姆·夏皮拉
译者：梁超 张诚
书号：978-7-115-55458-1
定价：49.90 元

▶ 以数论和集合论两个数学理论为依据来介绍无穷的概念，以幽默、轻快的笔触以及最基础的数学符号来描述与无穷相关的理论和悖论，展示了数学世界的精彩。

极简几何史

作者：[英] 迈克·戈德史密斯
译者：梁超 张诚
书号：978-7-115-57301-8
定价：59.80 元

▶ 荣获第十八届文津图书奖推荐图书。

▶ 通过重要的数学家、数学概念和各种形状来解释几何学的历史，从简单的勾股定理到当今研究的复杂几何图形，大量彩色照片和手绘插图提供了直观形象的视觉示例。

趣味数学简史
数学是这样诞生的

作者：[美] 魏铼
书号：978-7-115-56960-8
定价：69.90 元

▶ 按照数学的发展脉络，介绍数字的产生以及数论、平面几何、立体几何、解析几何、三角学、概率论、数学解析、混沌理论、图论、集合论、群论等。

▶ 全面系统地梳理了数学的发生和发展，普及数学思想。

迷人的代数
代数学的发展历程及重大成就

作者：[加] 迈克尔·威尔士
译者：袁巍
书号：978-7-115-43845-4
定价：39.00 元

▶ 从代数基础知识、古典数学、数学符号、意大利数学、文艺复兴后的欧洲数学、密码漫谈等几部分介绍了代数中的基本定理、重要数学家、重要代数思想。

▶ 图文并茂，知识性、趣味性强。

迷人的物理
物理学的发展历程及重大成就

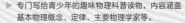

作者：[美] 艾萨克·迈克菲
译者：谢晓禅
书号：978-7-115-44397-7
定价：39.00 元

▶ 专门写给青少年的趣味物理科普读物，内容涵盖基本物理概念、定律、主要物理学家等。

▶ 图文并茂，通俗易懂，既可以作为一本了解物理基础知识的趣味读物，也是一本具有概略性的物理简史。

荒野求生秘技
修订版

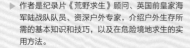

作者：[英] 戴夫·皮尔斯
译者：李翔 高歌
书号：978-7-115-51520-9
定价：59.00 元

▶ 作者是纪录片《荒野求生》顾问、英国前皇家海军陆战队队员、资深户外专家，介绍户外生存所需的基本知识和技巧，以及在危险境地求生的实用方法。

▶ 图文并茂，步骤详细，通俗易懂，户外旅行、探险者必备。

优雅的等式
欧拉公式与数学之美

作者：[美] 戴维·斯蒂普
译者：涂泓 冯承天
书号：978-7-115-49298-2
定价：39.00 元

▶ 欧拉是人类史上的一位奇才，在数学的各个分支做出了不可磨灭的贡献。本书用生动的笔触，通过欧拉公式这个窗口，展示了数学之美，以及欧拉传奇的一生。

与古生物同行
BBC 失落的史前世界

作者：[英] 蒂姆·海恩斯
　　　[英] 保罗·钱伯斯
译者：贾程凯 严亚玲
书号：978-7-115-41226-3
定价：109.90 元

▶ 全面描绘了地球生命的进化历程，介绍了各个地质时代 100 多种最具代表性的动物，展现了一个活灵活现的史前世界。

植物传奇
改变世界的 27 种植物

作者：[美] 凯瑟琳·赫伯特·豪威尔
译者：明冠华 李春丽
书号：978-7-115-46645-7
定价：75.00 元

▶ 从古老的栽培植物到如今人人熟知的咖啡、可可、土豆等，本书结合诸多珍贵的植物彩绘作品，介绍了 200 多种当今常见植物的发现、引种、栽培历史。

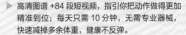

是什么都可以，英寸、毫米、手指宽度，全都无妨。把线段的前 1000 单位长度分出来，就形成了一个黄金比例。

简单矩形

黄金比例可以用于将物体不断划分，并非必须是线段。黄金矩形就是一个边长之比满足黄金比例的四边形，用我们简单的度量来说，长边是 1000 单位，短边是 618 单位。黄金矩形可以划分成越来越小的黄金矩形（见第 46 页方框），无穷无尽，只不过太小可能看不清。把一个黄金矩形水平放置，旁边另一个黄金矩形竖直放置，它们的 4 个角都在水平线上。从横向矩形的底角到顶角画一条对角线，它可以延伸到纵向矩形的顶角。你可以用信用卡自己尝试一下——是的，它们的形状正是黄金矩形（见下图）。在别的矩形上这可没法实现。

在欧几里得描绘黄金比例的 1900 年后，迈克尔·梅斯特林是第一个将黄金比例计算到小数点后几位的人。

金比例呢？最初的完整解答在 1597 年由德国天文学家迈克尔·梅斯特林给出，他计算出短线段大约为 0.618 034 个单位长度。所以，把长短线段合起来，总长度是 1.618 034…。这个数是无穷无尽的。

简单的过程

要想做出黄金比例，需要画一条长度为 1618 单位的线段——剩下的数字就无所谓啦。长度的单位

信用卡的形状是黄金矩形。检验一下，把两张信用卡这样放置，你可以用一柄直尺贯穿左边信用卡的左底角、右顶角和右边信用卡的右顶角。

恰如其分

黄金矩形出现在帕特农神庙的许多地方。例如，正面的廊柱就是黄金矩形的。但是并无证据表明菲狄亚斯在他的建筑里用了数学知识，或许只是巧合或是灵机一动。黄金矩形对于我们来说"恰如其分"，不太宽也不太窄，不太高也不太矮。

自然界中的黄金比例

黄金比例在自然界中也可以见到。这听起来挺奇怪，毕竟自然界中的直线少之又少。数学家在探索构造黄金矩形的方法的过程中，却发现他们能以黄金比例构造美妙的螺旋（见下图）。这个螺旋，或者诸如此类，在自然界中屡屡可见其身影，

黄金螺旋　黄金矩形可以转化为黄金螺旋。第一步是把矩形切出一个正方形，从而把大矩形分成一串逐渐变小的矩形，每个正方形里可以恰好容纳1/4圆，将所有圆弧画好，就构成黄金螺旋。从最小的正方形出发，每个圆弧以 Φ 的比例增长，也就是说，每个圆弧都增大 Φ 倍。

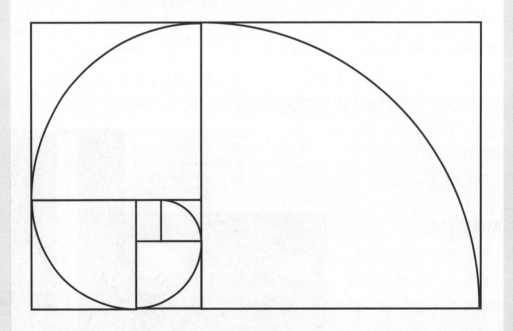

向日葵的种子从中心向外发散的各条曲线近似黄金螺旋。

比如某些蜗牛或软体动物的壳，乃至某些星团。有些花朵的种子长成了黄金螺旋形。其中有这么个缘故：这样省地方，可以尽量多地排布下种子。种子长在一条直线上听起来简单，但花里就会留下许多空缺，大大浪费空间。螺旋形生长更有效率，又

以黄金螺旋为最。

黄金夹角

　　黄金比例在植物界还有另一种形式，即黄金夹角，它是指把一个圆分成两块，大块跟小块的比例等于整圆跟大块的比

例。数学家用 Φ 表示黄金夹角，大约为 137°（整个圆是 360°）。植物的叶子和花瓣是按黄金夹角排布的，每片新叶子绕茎 137° 生长。这是植物保证各片叶子都充分占据空间的最佳方式。

艺术与设计中的黄金比例

具有数学思维的艺术家发现，他们可以用黄金比例来分解名画，将其拆分成一个套一个的黄金矩形。列奥纳多·达·芬奇的《蒙娜丽莎》经常被做这样的拆分。

虽然黄金矩形对几乎所有名画都很适合，但是数学家不相信艺术作品真的是按黄金比例创作的。达·芬奇对黄金比例很感兴趣，他尝试用它去拟合人体，然而，他发现得拉伸身体的某部分（通常是躯干）或者缩短某部分（腿）才能办到（译者注：不同的人体形会有差别）。即使如此，黄金比例也用在了艺术和其他设计上，最著名的大概是位于纽约的联合国大厦。从正面看，它就是个黄金矩形。

金属比例一族

黄金比例有些"姿色稍逊的亲属"：白银比例和青铜比例。这里面的数学知识挺复杂，但是用矩形来看就很简单。从黄金矩形里去掉一个正方形，就得到一个小的黄金矩形。要得到白银矩形，得去掉两个正方形。青铜矩形就更瘦更长了，得去掉 3 个正方形。

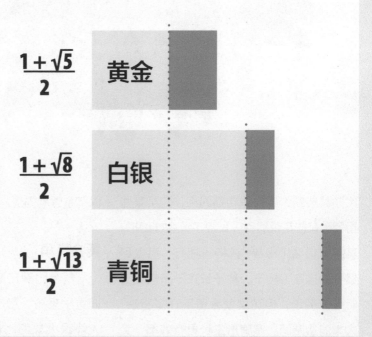

$$\frac{1+\sqrt{5}}{2}$$ 黄金

$$\frac{1+\sqrt{8}}{2}$$ 白银

$$\frac{1+\sqrt{13}}{2}$$ 青铜

人形度量

联合国大厦的主体建筑是查尔斯·爱德华·靳奈瑞特·格力斯的作品，斯人以柯布西耶之名享誉。柯布西耶醉心于宜居的理想尺寸和形状的建筑空间。20世纪40年代，他发展出一种度量单位，称作模（Modulor），它是以人体大小为基础的。为稳妥计，柯布西耶设想出一个比普通人略大的形体，高6英尺（约1.83米）。他认为人所需的空间比这个大一点，于是让这个人形伸臂过顶，就得到它的高度7英尺5英寸（2.26米）。他认为建筑的所有组成部分——屋顶、门廊、台阶——都应当以此单位为基础。这是对于人来说的最佳空间——大多数人的生活和工作之

室。当然，也不是说所有东西都得是1模那么高，据此，柯布西耶利用黄金比例设定了小一点的单位，用于设计座椅的高度、通道的宽度、台阶的大小等。大一点的单位用于设计从顶到底的整个建筑。

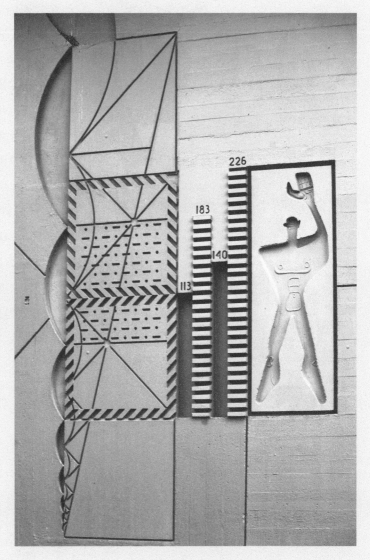

柯布西耶的黄金比例人形单位，展出于法国马赛的住宅之墙。

正三十面体是用黄金比例构成的最小的正多面体。它的30个面都是黄金菱形，长短对角线之比是 Φ，形如右图。

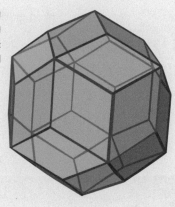

大金字塔也是？

有人认为埃及开罗附近的大金字塔是按黄金比例设计的。这意味着欧几里得描绘黄金比例的大约2300年以前，数学家就已经懂得它了。金字塔的三角形立面是用黄金矩形沿对角线切成两半再拼起来形成的（黄金矩形切成两个直角三角形，再拼成一个大三角形）。另外，黄金比例也与底和高的比例有关。很有可能金字塔的建筑师用到了黄金比例，也有可能他对黄金比例独具慧眼。

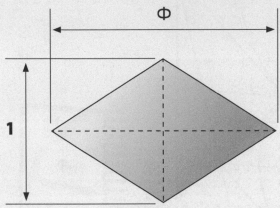

黄金立体

正多面体（所有边、所有面都尺寸相同）没法用黄金三角形和黄金矩形拼出来。但是，它可以用黄金菱形拼出来。黄金菱形的对角线（见左上图）长度符合黄金比例。30个黄金菱形可以拼成正三十面体，通常用于30面的骰子。

黄金三角形

黄金比例也用于构建许多其他形状，比如黄金三角形。这是一个等腰三角形（有两条边长度相等的三角形），这个例子里两个腰是长边，长边与短边的边长之比是黄金比例。如同黄金矩形，黄金三角形也可以细分，细分成与之相似的三角形。下次请看星形——这是五角星在数学上的称谓，比如美国的星条旗上的星星，其尖角上都是黄金三角形。

参见：
▶斐波那契数列，第80页
▶数 e，第138页

泰姬陵依黄金比例设计，在
门楣、山墙、拱顶上可见黄
金比例的应用。

位于纽约市的联合国大厦从
正面看是个黄金矩形。

幻 方

学习数学核心是要解决问题，许多数学问题以游戏或谜题的形式出现。似乎古代最多的数学谜题就是幻方。所谓神龟出水，背负幻方。

中国的《九章算术》里有最早的关于幻方的描述。它是一个3×3的方块，有9个数字或者格子，纵、横以及对角线的

3个格子里的数分别加起来都得15。这个数学形象的传统名字是洛书，意思是"洛水的卷轴"，有时也称为"河图"，在4000年前禹帝统治中国时有与其相关的神话传说。

洛书上的幻方，左下图是古代中国传说里神龟壳上的版本，右下图是现代数字形式。

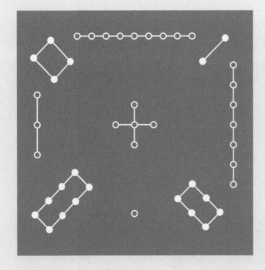

4	9	2
3	5	7
8	1	6

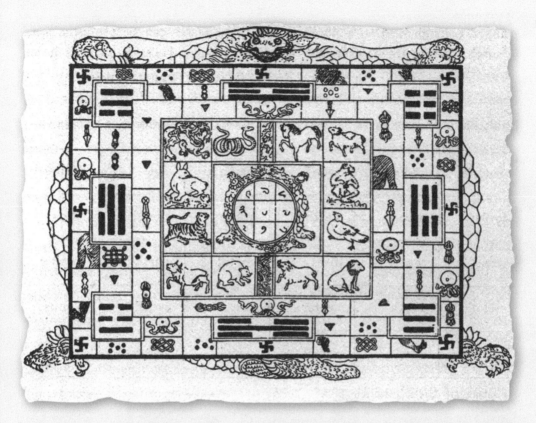

洛书上的幻方，这是用印度数字写的，中心装饰的是中国的地支。

洪水灾害

　　在某个版本的传说里，大禹王朝遭受了洪灾。大禹手下的工匠正在治水之际，一只神龟从深水中浮现。龟背上用当时中国的数字刻着 3×3 的方格，数字切合中国的占星术，所以龟背标记被认为是控制自然之道。

构建幻方

　　公元 6 世纪，波斯和阿拉伯的学者研究了幻方的属性。伊斯兰数学家构建了包含 16、25 和 36 个格子的幻方。10 世纪，他们破解了幻方的原理，从此格子的多少没有限制了。

幻方的阶

　　一个幻方满足以下条件：幻方一条边上格子的数量就是幻方的阶 n。对洛书上的幻方，就有 $n=3$。1阶幻方（$n=1$）就是数字1自己——这不是什么难题，只是个轶事而已。n 阶幻方里用到的数字是 $1 \sim n^2$。当 $n=2$ 时，这个幻方就得包含 2^2（$2 \times 2 = 4$）以内的数字，但是用1、2、3、4又没法构建幻方，因此，不存在2阶幻方。当 $n=3$ 或者更大（直到无穷）时，幻方总是能构建出来的。

1514年，德国艺术家阿尔布雷特·丢勒在他的画作《忧郁I》中加入了幻方。丢勒利用数学元素绘制了栩栩如生的图画，他的幻方——其中15紧邻14表示年份——展现了他的数学造诣。这幅作品中包含了许多数学元素，但是画中忧郁的人对此全都无动于衷。据说这幅画代表了作者的思想。

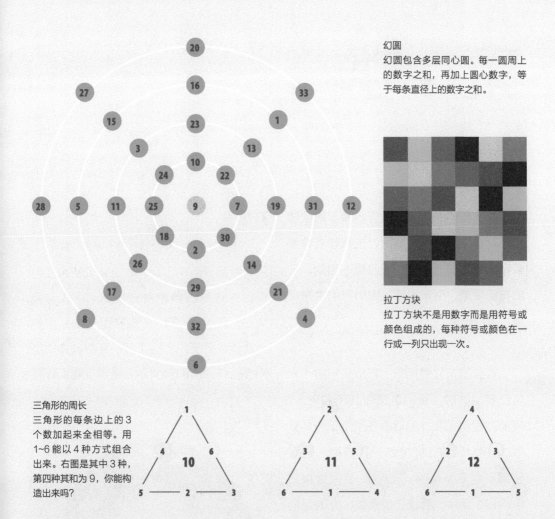

幻圆
幻圆包含多层同心圆。每一圆周上的数字之和，再加上圆心数字，等于每条直径上的数字之和。

拉丁方块
拉丁方块不是用数字而是用符号或颜色组成的，每种符号或颜色在一行或一列只出现一次。

三角形的周长
三角形的每条边上的 3 个数加起来全相等。用 1~6 能以 4 种方式组合出来。右图是其中 3 种，第四种其和为 9，你能构造出来吗？

幻数

洛书上的幻方中，横、纵 3 个格子的数字加起来得 15，这正是幻方的幻数。n 阶幻方的幻数可以用以下公式求出：幻数等于 $n(n^2+1)/2$。所以当 $n=3$ 时，幻数就是 $3 \times (9+1)/2$。你自己试算一下是否得 15。你可以计算更多幻数。还有什么好玩的吗？研究数学问题的人有个有趣的消遣活动是看一些数（包括幻数）是如何用更小的数构成的。我们称这些数为合数。不是合数的数我们称为素数（又称质数），它们里面有数学的另一种魔力。

参见：
▶ 数字的发明，第 10 页
▶ 素数，第 58 页

素　数

对于我们大多数人而言，数学的全部内涵就是数数、模式刻画，还有建立体系解释万物。然而，素数与此毫不相同。它们神秘莫测，引人入胜，因为它们由来深奥，美妙非常。

素数的定义很简单：它是只能被 1 和自己整除的数。我们试试看几个数吧。1 只能被它自己和 1 整除，生效了，1 是素数。（啊，但是 1 很特殊，我们稍后再看它到底是不是素数。）继续，2 只能被它自己和 1 整除，所以它是素数。此时我们可以说所有数都能被 1 整除，我们就只专注于找它的因子吧。3 不能被 2 整除，能被 3 整除——3 是素数。4 能被 2 整除，所以不是素数。所有比 2 大的偶数都能被 2 整除，都不是素数。事实上，2 是唯一的偶素数。

开端

其他素数包括 7，11，13，17，19，…，它们源源不断地出现，甚至我们的祖先也对这些特殊的数表现出兴趣。伊尚戈骨头——20 000 年前在狒狒腿骨上刻字的一套计数系统，包括了若干素数，特别是 10 到 20 之间的素数。这些对于我们计算

昔兰尼的埃拉托色尼是最早的素数研究者之一，其具体的研究方法可以参见第 62 页。

大型数字可有帮助？不得而知。但我们知道在文明之花绽放的过程中，人们被素数深深吸引。古埃及人对于以素数为分母的单位分数另眼相看，其缘由亦不知晓。公元前 300 年，古希腊的欧几里得在涵盖其全部数学知识的巨著《几何原本》（其实同时还有 13 本小型著作出版）中，对素数的理解有了长足进展。

算术

欧几里得的《几何原本》在最近的 2300 年间屡屡出版印行，从未中断，其他图书难以望其项背。在《几何原本》的诸多数学上的原理和定理之中，包含了算术基本定理。这个定理既提纲挈领，又支持有力，阐述了我们进行的求和与其他计算总是只有唯一答案的原因。这个定理说任何比 1 大的自然数（见第 14 页）要么是素数，要么是一系列素数的乘积。构成这个数的一串数称为因子。所有非素数都是由一组素数构成的。例如，4=2×2，6=2×3，8=2×2×2，12=2×2×3，15=3×5。思考一下这些计算，你能想象这些数是另外一串素数的乘积吗？不考虑排列

素数的种类

在无穷无尽的素数之中，数学家发现许多子集。间隔为 2 的一对是孪生素数，间隔为 2 或 4 的三元组是三联素数，间隔为 4 的是表亲素数，间隔为 6 的是姻亲素数。

孪生素数：

(3, 5), (5, 7), (11, 13), (17, 19), (29, 31), (41, 43), (59, 61), (71, 73), (101, 103), (107, 109)

三联素数：

(5, 7, 11), (7, 11, 13), (11, 13, 17), (13, 17, 19), (17, 19, 23), (37, 41, 43), (41, 43, 47), (67, 71, 73), (97, 101, 103), (101, 103, 107), (103, 107, 109), (107, 109, 113), (191, 193, 197), (193, 197, 199), (223, 227, 229), (227, 229, 233), (277, 281, 283), (307, 311, 313), (311, 313, 317), (347, 349, 353), (457, 461, 463), (461, 463, 467), (613, 617, 619), (641, 643, 647), (821, 823, 827)

表亲素数：

(3, 7), (7, 11), (13, 17), (19, 23), (37, 41), (43, 47), (67, 71), (79, 83), (97, 101), (103, 107), (109, 113), (127, 131), (163, 167), (193, 197), (223, 227), (229, 233), (277, 281), (307, 311), (313, 317), (349, 353), (379, 383), (397, 401), (439, 443), (457, 461), (463, 467), (487, 491), (499, 503), (613, 617), (643, 647), (673, 677)

姻亲素数：

(5, 11), (7, 13), (11, 17), (13, 19), (17, 23), (23, 29), (31, 37), (37, 43), (41, 47), (47, 53), (53, 59), (61, 67), (67, 73), (73, 79), (83, 89), (97, 103), (101, 107), (103, 109), (107, 113), (131, 137), (151, 157), (157, 163), (167, 173), (173, 179), (191, 197), (193, 199), (223, 229), (227, 233), (233, 239), (251, 257), (257, 263), (263, 269), (271, 277), (277, 283), (307, 313), (311, 317), (331, 337)

顺序的话，永远只能有一组素数因子。每个非素数有唯一的一组素数因子。

数字之元

如上，我们称非素数为合数，因为它们是小素数的聚合。从这个意义上说，素数是数字之元。它们不能拆解成更小的单元，别的数字都是由它们构成的。

素数有无穷个

《几何原本》里面也包含欧几里得定理的一个证明，显示了素数有无穷个。这个有点复杂，但是我们这么说吧：这个证明先假设素数只有有限个，而且已经全部知晓了。欧几里得提出反论，并且说如果你把它们都乘起来，你就知道这里面至少有一个你没列出的素数。把已经列出的这些素数乘起来，乘积为 P。欧几里得把 P 上再加 1，得到新数 Q。Q 是素数吗？如果是的话，你就得到一个原来未列出的素数。如果 Q 不是素数，就更麻烦啦，那它必然能被某一个素数整除。在得到 P 的过程中，你已经有了一个所有素数的列表，这里面有谁能整除 Q 吗？欧几里得说，不可能

自然界中的素数

美洲蝉为防止掠食者的攻击巧妙地运用了素数。蝉大半生都是幼虫，没有翅膀，栖息地下，啜饮树液。接近成年时，它们得奋力出壳，爬上树木，生出双翅。幼虫的这些动作一气呵成。这一时期也是配对的最佳时机——但它们得先在地下蛰伏 13 或 17 年。这两个数是素数，意味着掠食者无法与它们的生命周期同步。假如掠食者在这片地区 10 年一轮回，就逮不到 13 年周期的那批蝉。即使它赶上了 13 年的那批，也赶不上 17 年的那批。多亏了素数，蝉繁衍至今。

古希腊大数学家欧几里得正在为众人展示他的数学知识。指出素数有无穷多的正是欧几里得——但是我们仍无从得知素数都有哪些。

的！因为这些素数已经是 P 的因子了。（回顾一下，P 就是这些素数相乘得来的，所以它们每一个都能整除 P。）一个素数不可能既整除 P，又整除 Q，因为二者只差 1。这意味着合数 Q 有个素数因子刚才并未列出。于是得到结论：仍然有漏网的素数！素数的名单永远也列不全。

复杂的概念

公元前 3 世纪，数学家就知道素数有无穷个。对于那时的许多人来说，这个结论很诡异，因为它不符合自然规律，自然界没有什么是无穷的，数学中的无穷这个想法背离了神的王国（见第 152 页）。他们怎么知道哪个数是素数，哪个数是合数呢？你有办法检验它们吗？古希腊数学家埃拉托色尼提出一个简单而有效的解决办法，他用筛子从合数中间拣出素数。

数字筛

埃拉托色尼筛子是从一定范围的数字中找素数的方法。首先列出数字，比方1~100。下面开始划掉合数。忽略1，从第一个素数2开始。2以上的偶数都不是素数，所以第一步就是划掉偶数4，6，8，10，…，你把名单（或者表格）上的这些数都划掉，这样大约一半的数就直接出局了。下一步从3开始，3的偶数倍数（6，12，等等）都已经划掉了，再划掉奇数倍的就好：9，15，21，等等。不用对4再重复这一过程了，它又不是素数。

继续下一个素数5，划掉5的奇数倍数25，35，等等。现在已经精疲力竭了吧，坚持住哦。每当对一个数按这一过程处理后，再处理下一个还没被划掉的数。这是由素数的定义决定的，没有比它小的数能整除它。用这种方法几分钟就可以把100以内的数筛完，其中有25个素数。计算机可以用这种方法筛出巨量素数，但即使是超级快的计算机也筛不了无穷个数——那得花无穷长的时间。那么有没有预估素数的办法呢？

前人认为这是头3个素数——但是现在1已经被剔除出素数名单了。

是素数吗？

从欧几里得开始，寻找素数的模式就成了数学家的一个目标。这一工作既艰又深，恒为难题。最终人们达成共识，非得把1从素数中移除才有意义。数字1看来很符合素数的基本原则：只能被1和它自己（还是1）整除。多年以来，1在素数中还有一席之地也是为此。然而，算术基本定理最终把1从素数名单中赶出去了。定理说合数"是唯一的一系列素数的乘积"。"唯一"一词十分严格，因为假若允许1作为素数，那合数就不能做唯一的因子分解了。举例而言，6是2×3。如果有1，你也可以说6是1×2×3。看起来还可以，但是再加些1会如何呢？ 6是1×1×1×2×3。6里面的1可以持续不断地添进去，那么就不能说这组因子是唯一的了。最简单的修正就是把1移出素数名单。尽管如此，1还是一个非常特殊的数字。

使用素数

我们对素数已经很了解了，可以将它们投入应用。素数在保密领域非常有用。当两台计算机建立安全连接时，它们用一个非常大的数进行加密编码来交换信息。这个数是公开的，但其构成的方式可不公开。这个数是用两个非常大的素数相乘得到的，而这两个素数是保密的。这两个素

上网的安全软件使用非常大而难破解的素数来加密。

数是公开的大数仅有的因子，用于信息解码。如果知道这两个素数是什么，解码就会相当容易。但是一般而言，世界上最快的计算机也得花两年时间才能找出这两个素数。需要这么久是因为素数没法预估，计算机必须做大量计算和试错工作。

素数的范围

解码的另一条路是找出素数的规律，发现素数在数列中的位置。你可以看看 10 以内的素数名单——2、3、5 和 7，它们在 10 个数中占了 4 席，或者说 40%。跟 100 以内的素数名单（如果你没有，就用第 67 页介绍的埃拉托色尼筛子自己做一个）比比看，其中素数只有 25 个，就是说它们在 100 以内的数字中占 25%。数字增多了，素数却没那么密集了。对于大数而言，素数出现的频度在减少，这是确信无疑的。因为大数是很容易被小数整除的。1000 到 10 000 之间只有 12% 的素数，1 亿到 10 亿之间则降至 5%。既然欧几里得证明了素数无穷无尽，或许素数之差（称素数间隙）也在增大吧？听起来很有道理，是不？看看开头的 4 个素数，它们在头 10 个数里紧密排列，然后素数间隙就越来越大了。下一个素数是多少，数

考拉兹猜想

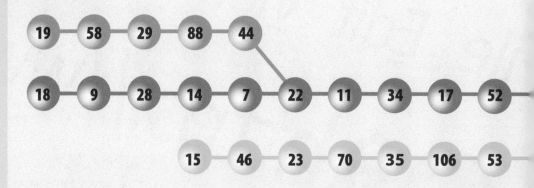

学上有没有办法计算呢?

寻找间隙

　　数学家用超级计算机发现了 5000 万以上个素数。我们所知的最大的有 22 338 618 个数码。然而,没人能精确又简捷地推测一个数是不是素数。两个素数之差叫作素数间隙,2 和 3 之间的素数间隙是 1。你大概会想,素数增大了,素数间隙也随之增大。有许多例子表明,素数间隙可能多种多样。最大的间隙包含 3300 万个数。但是,间隙亦毫无规律可言,多长的都有。比如,一个大间隙之后,下一个间隙可能只有 2。间隙为 2 的素数对称为孪生素数。孪生素数包括 3 与 5、71 与 73,等等,特别大的也有。2007 年发现了一对孪生素数,每个数有 58 711 位!

进展

　　不少数学家因他们在素数方面的工作而名声大振。1742 年,德国数学家克里斯蒂安·哥德巴赫提出一个问题: 是否每个偶数都是两个素数之和? 400 亿亿以内的数都检查过了,这条原则成立,但是无人证明对所有数都成立。19 世纪的德国

　　考拉兹猜想听起来挺简单。从任意数字开始,如果是偶数,就除以 2;如果是奇数,就乘以 3 再加 1——这就变成偶数了。然后继续下一步,重复这个过程。洛萨·考拉兹在 1937 年提出这个猜想,声称无论从什么数字开始,这个过程必将以 1 为终结。对于有的数字,这个过程长一点,但这个猜想必将成立。然而,对于所有数字,仍然没法证明这一点。

26　13　40　20　10　5　16　8　4　2

160　80

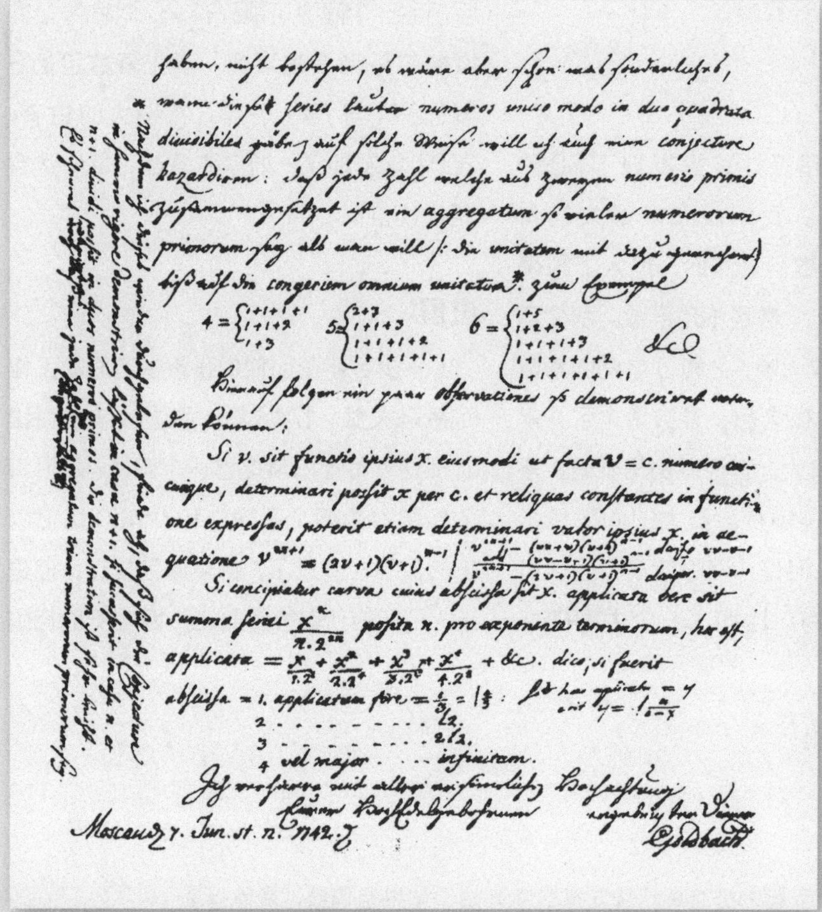

1742 年，克里斯蒂安·哥德巴赫在致莱昂哈德·欧拉的信中，提出了后来的哥德巴赫猜想：是否每个偶数都是两个素数的和？听上去没错，是吧，但是证明的人至今还没有出现。

完全数

完全数是这样一种合数，它等于所有因子（包括 1）之和。举例而言，最简单的完全数是 6，它可以被 1、2 和 3 整除，其和 1+2+3=6。完全数与一种叫梅森素数的素数相关。在第 176 页可找到更多例子。

$6 = 1 + 2 + 3$

$28 = 1 + 2 + 4 + 7 + 14$

$496 = 1 + 2 + 4 + 8 + 16 + 31 + 62 + 124 + 248$

$8128 = 1 + 2 + 4 + 8 + 16 + 32 + 64 + 127 + 254 + 508 + 1016 + 2032 + 4064$

原理

这是一张 100 以内素数的完整的埃拉托色尼筛子。1 以及每个能被其他数（不包括 1）整除的数都叉掉了，只留下了素数。

1̶	**2**	**3**	4̶	**5**	6̶	**7**	8̶	9̶	10̶
11	12̶	**13**	14̶	15̶	16̶	**17**	18̶	**19**	20̶
21̶	22̶	**23**	24̶	25̶	26̶	27̶	28̶	**29**	30̶
31	32̶	33̶	34̶	35̶	36̶	**37**	38̶	39̶	40̶
41	42̶	**43**	44̶	45̶	46̶	**47**	48̶	49̶	50̶
51̶	52̶	**53**	54̶	55̶	56̶	57̶	58̶	**59**	60̶
61	62̶	63̶	64̶	65̶	66̶	**67**	68̶	69̶	70̶
71	72̶	**73**	74̶	75̶	76̶	77̶	78̶	**79**	80̶
81̶	82̶	**83**	84̶	85̶	86̶	87̶	88̶	**89**	90̶
91̶	92̶	93̶	94̶	95̶	96̶	**97**	98̶	99̶	100̶

- ○ 2 的倍数
- ○ 3 的倍数
- ○ 5 的倍数
- ○ 7 的倍数
- ○ 素数

数学家卡尔·弗里德里希·高斯研究指出了如何检查某个特定数值以内的数。1859 年，高斯逝世后不久，还有一位德国数学家波恩哈德·黎曼着手于预测素数的前沿工作。他使用了数学上一个非常复杂的泽塔（zeta）函数——一列无穷数字之和。黎曼声言他的系统可以展示全部素数，但是没有人能够加以证明。如果谁能做到，可以获得 100 万美元的奖金！

参见：
▶ 取模运算，第 142 页
▶ 梅森素数，第 176 页

π

π 是个非常特殊的数，你可能知道它不仅仅是个希腊字母。这个数需要用符号表示，因为没法把它全写出来，它无穷无尽。π 的故事从古流传至今。

符号 π 就是希腊字母里的 p，读作"派"。它从 18 世纪就开始使用了，但它的历史还要更为久远。

圆的大小

通常而言，π 就是 3.14，但这是个近似值。π 不是个简单的数，但是来自一个非常简单的问题：如果已知圆的直径，那么它的周长是多少？车匠对这个问题很感兴趣，因为他们要造同样大小的车轮。铜

匠也是，他们要做指定尺寸的圆筒。

圆的术语

圆是一种独特的形状：唯一一种只有一条边的形状。圆上的任意一点到圆心的距离都是相等的，这个距离称为半径。圆的宽度，就是从圆上的一点穿越圆心到圆上另一点的距离称为直径。直径等于半径的两倍。还有一个刻画圆的术语——圆周长。周长的意思就是一周的长度，可以用于任何形状。尽管有时用周长来描述围绕圆转一圈的距离，但术语"圆周长"只用来刻画圆形，更为常见。

比较长度

回到车轮的问题，π 来自简单的计算 π=C/d，或者说周长（C）除以直径（d）。这点数理知识告诉我们圆周长是直径的多少倍。无论这个圆多大，这个关系始终不变。无论你量硬币（圆形）也好，量赤道（圆形）也好，π 是不变的。另一种理解 π 的思路是圆周长与直径的比（见第 44 页）。这个比是圆形的基础要素，所以 π 也可以用来由 d 计算 C：$C=\pi d$。

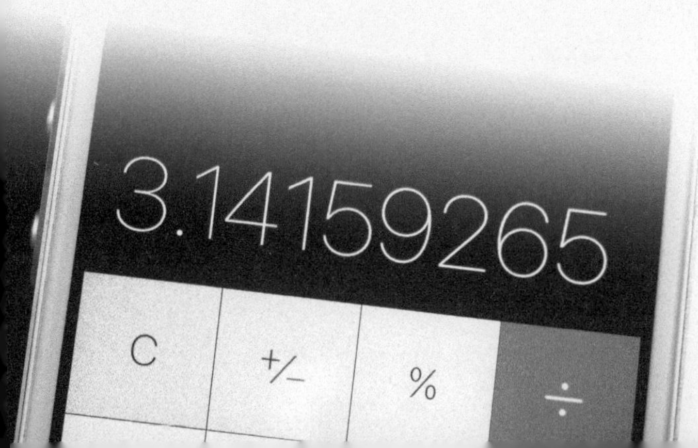

如今我们可以在计算器上一键获取 π 的值。可是，是谁算出了它呢？

3.14159265

C   +/−   %   ÷

阿基米德，π 的理论之大成者，正在使用圆规工作。

测量问题

寻找 C/d 的答案，π 的情况比较复杂。测量直径挺容易。古代数学家画圆用一副圆规，很像今天数学课上用的圆规。一点确定圆心，另一足旋转成圆周。圆规两足之间的距离就是半径（直径的一半），因此，数学中常用半径（r）来计算圆的一些参数。也就是说，$π=C/(2r)$。精确测量圆周的技巧源自实际应用。一种技巧是推轮子

弧度

测量圆的一种方法是把圆分成 360 份，每份 1°。另有一种基于半径测量角度的度量称为弧度，其中蕴含了 π。圆的周长的一部分称为弧。比如，一个半圆就是半个圆周长的弧，这个弧对应的角是 180°，而它的弧度（rad）是 π。解释是这样的：1 弧度就是 1 条半径那么长的弧对应的角，用角度表示大约为 57.3°。但是这两套系统并不一起使用。一个圆的整圆周长是 2π 乘以 r，所以一个圆的弧度是 2π。一个半圆的长度就是它的一半：π 乘以 r。因此，一个半圆的弧度就是 π。弧度制在割圆中是更简便的方法，在更复杂的数学领域中应用十分便利。

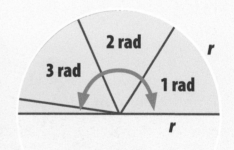

$$3.141\ 592\ 653\ 5\cdots 弧度$$
$$=π\ 弧度$$
$$=180°$$

转一圈看看它跑了多远，然后可以把这个长度与直径比较。它达到了直径的 3 倍还多一点，所以 π 比 3 还多一点。

渐进真相

巴比伦和古埃及等古代文明中的数学家与工程师知晓 π，但只能估计它的值。巴比伦人选择 $3\frac{1}{8}$ 表示 π，在现代的十进制中就是 3.125。公元前 1500 年，古埃及数学家阿梅斯选择 8/9 的两倍的平方表示 π，也就是（16/9）^{2}，即 3.1605。

精确的 π

如今，我们知道古埃及人和巴比伦人所用的数值都不够准确。前者的数值比 π 大点儿，后者的比 π 小点儿，两者的偏离数值还差不多。这都是由误差造成的，他们想找个简单的数来解决问题。考虑到古代的技术水平，从实用的观点来看，这两个值就挺好的啦。

吉萨金字塔的周长略大于其高度的 2π 倍。

金字塔与 π

吉萨的大金字塔的维度与 π 息息相关。每座金字塔的正方形底座的周长是其高度的 2π 倍，这跟圆周长与半径的比一致。谁也无法断定这些巨大纪念碑的建筑师为何又如何如此这般，因为建筑方案俱已湮灭。不过有一个线索：他们在设计伊始，用圆规画了个圆圈，并用 π 计算圆周长，然后他们为这些金字塔设计了同周长的正方形底座。建筑师在底座上设计合适的角度隆起一个半圆来确定高度，半圆的最高点就是金字塔的尖峰。因为半圆和底座的半径相同，最终金字塔的高度与周长就遵从了设计中半径与圆周长的比例。

更为精确

此后的工程师需要更精确的 π，这也是古希腊工程师阿基米德对 π 孜孜以求的缘故。现代工程师需要更精确的 π 来制造更精确的圆形物体，以及尺寸精确的球面、圆柱和圆锥。π 的数字无穷无尽，但我们也不求全盘皆知。

事实上，前 39 位足矣，即 3.14 之后的 36 位。这就足以测量包含宇宙那么大的圆了。尺寸可能略有误差，偏小或偏大，但是，用 39 位的 π，意味着这点误差不过像一个氢原子的原子核那么大。宇宙，世上最大；氢原子的原子核，世上最小的物体之一。所以说精确测量世上之实物，39 位的 π 是很好的工具。

发明家阿基米德

阿基米德既精确地逼近了 π，也有许多其他功绩赫赫有名。举世皆知，他沐浴时发现了与物体浮沉相关的定律。他还为西西里岛的叙拉古城邦设计了武器，防御随时都会入侵的罗马人。他用镜子反射阳光烧毁战船，再用杠杆将其一举击沉。阿基米德熟知杠杆原理，他曾说过："给我一个长杠杆和放置它的支点，我可以撬动地球。"

阿基米德用杠杆撬动地球——真的可能哦！

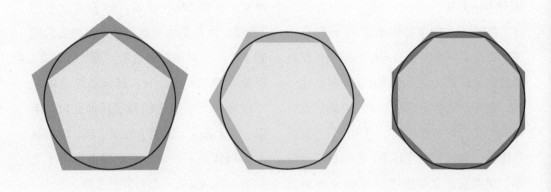

圆周长在内接多边形与外切
多边形的周长之间。

数学超级巨星

对于工程而言，计算精确的 π 大有意义。自古以来的数学家对数字 π 别有兴味。π 是个数学常数，是数学家在研究自然事物中发现的。其他常数还包括黄金比例 Φ（见第 44 页）和数 e（见第 138 页）。π 是在研究圆时发现的，但也在数学的其他领域和物理学中出现，用来刻画空间与时间的联系及亚原子粒子的行为。

阿基米德常数

π 也作为阿基米德常数为人所知。这位古希腊天才在公元前 3 世纪就首次精确计算出了它。如同大部分古希腊数学家那样，阿基米德是用几何学的方法，用规则多边形来逼近 π。多边形就是有 3 条或 3 条以上边的形状，规则多边形的所有边长度相等（所有角也大小相等）。最简单的规则多边形有等边三角形、正方形、正五边形等。计算规则多边形的周长很容易。阿基米德不断增加多边形的边数，使得它越来越趋近圆形。正八边形比正四边形要圆，正十边形就更圆了。（你可以想象圆就是有无数条边的多边形。）

内与外

阿基米德知道可以在圆内部画任意多边形，所有的端点都落在圆周上。但是，这个多边形的周长永远比圆周长要短。他还知道可以把圆画在任意多边形内部，所有的边都与圆周相切。但是，这个多边形的周长永远比圆周长要长。故而，下一步，他在圆内和圆外都画上同样的多边形，他知道圆周长在这两个多边形的周长之间。

既然已知半径，他就用这两个周长计算 π 的上界和下界。多边形的边越多，两个周长的差距越小，这意味着 π 的上界和下界越精确。

笔与纸

如今，我们可以用计算机生成任意多边形和圆，但是阿基米德那个时代可没有这个机器。他没有画出来，但是想象了一个圆的内接和外切九十六边形，然后用一系列计算算出了这两个周长，由此得到 π 介乎 3.1408 与 3.1429 之间。世纪流转，数学家以更复杂的图形改进这一结果。17世纪，发展出了一种用无穷序列计算 π 的

π 的公式

圆周长：$C=2\pi r=\pi d$，r 是半径，d 是直径

圆的面积：$A=\pi r^2$

球的体积：$V=(4/3)\pi r^3$

球的表面积：$A=4\pi r^2$

圆锥的体积：$V=\pi r^2 h/3$，h 是圆锥的高

圆柱的体积：$V=\pi r^2 h$

圆柱的表面积：$A=2\pi rh+2\pi r^2$

π 可以用于计算圆的面积和其他具有圆的形状（例如圆锥、球和圆柱）的面积与体积。

方法。一些数学家历时数年计算出更精确的结果。计算机加速了这一进程，得到了 π 的前 13.3 万亿（1.33×10^{13}）位数。但是，后面还有很多很多！

圆锥截面

圆形是圆锥的一种截面。如果切开圆锥，一共可得到 4 种形状。平行于底面切，得到的就是圆形。沿一定角度切，圆拉伸了，得到的就是椭圆。再增大角度，平行于斜边切，就产生抛物线。抛物线的大小各异，但形状相同。最后，沿竖直的角度切，就得到双曲线，双曲线的形状各不相同。

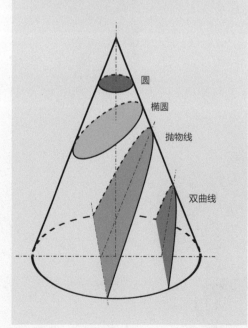

圆

椭圆

抛物线

双曲线

助记忆

记忆高手可以记住圆周率 π 的大量数字，大多数人不过记得 3.14 罢了。但是，这首有关圆周率的诗——或许我们可以称之为"圆周诗"——可以帮我们记住更多："How I want a drink, sparkling of course, after the heavy lectures involving quantum mechanics!"（酒味甜，干！量子力学，难！课业压双肩。安得金樽琼液泛微澜……）数数每个单词的字母，我们就得到了 π 的前 15 位数：3.141 592 653 589 79。（译者注：此诗用于数字母，故保留原文。中文圆周率的诗可参考"山巅一寺一壶酒……"——关于圆周率的谐音顺口溜。）

参见：
▶超越数，第 148 页

原 理

我们来看看 π 在计算具有圆的形状的物体的面积和体积时的应用。参考第 73 页的公式。

圆形的面积：

半径 =2

面积 = π × 2²
 =3.14 × 4
 =12.56

球的表面积：

半径 =2

表面积 =4 π × 2²
 =4 × 3.14 × 4
 =50.24

圆锥的体积：

半径 =2，高 =10

体积 =(π × 2² × 10)/3
 =(3.14 × 4 × 10)/3
 =125.6/3
 =41.87

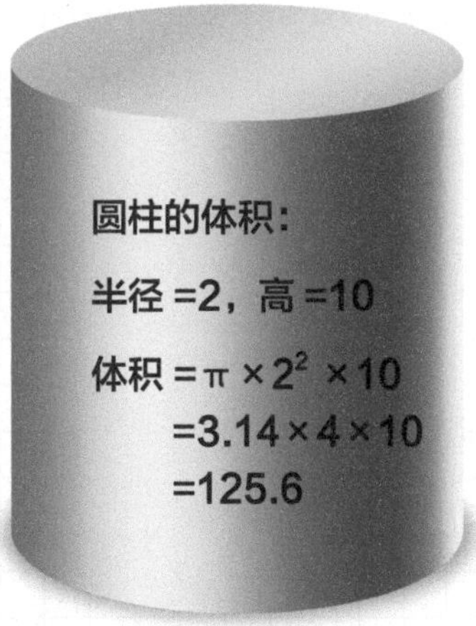

圆柱的体积：

半径 =2，高 =10

体积 = π × 2² × 10
 =3.14 × 4 × 10
 =125.6

乘 方

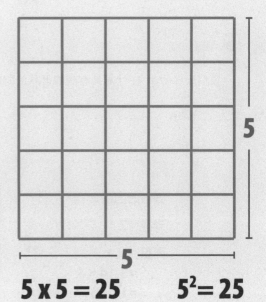

$$5 \times 5 = 25 \qquad 5^2 = 25$$

边长是 5 个单位的正方形共有 5^2 个单位，或者说 25 个单位，数数看吧。

特殊的超能力可不是漫画里超级英雄的专利。数学里也有超能力，是展现大数的快捷方式，或是对复杂乘法的简化。这个思路来源于简单图形，然后被发扬光大。

这种数学上的超能力，恰当的名字是指数，其中涉及两个数：底数和指数。后者写作前者的^{如此这般}。指数表示用底数连乘多少次。2^2 表示 2 自乘得 4（2×2）。4 称为 2 的 2 次方。指数是什么数都行（分数也可以，复杂点而已）。3^3 就是 3 自乘2 次，3×3×3=27。4^1 则表示 4 本身。0 次方也可以，$5^0 = 1$，稍后说明缘由。

构成图形

指数源于几何学对图形的研究。为此我们经常把 2 次方称为"平方"，这是因为常用它来计算给定底

底数 5^2 指数

边的正方形的面积。同理我们引入三维，把 3 次方称为"立方"。但是，自然的维度也就这么多，其他的我们还是称为 4 次方、5 次方、6 次方等。

乘方的威力

有个印度传说阐明了乘方的威力。传说一个印度牧师拉赫·塞萨发明了国际象棋（或别的什么简单游戏）。塞萨的主君一见大喜，就说无论他提什么赏赐都给。塞萨的答复十分谦卑："请给我麦子，在棋盘的第一个方格放一粒，在旁边的方格加倍。"所以第二个方格要放两粒麦子，

第三格放 4 粒，以此类推。而棋盘上共有 64 个格子。主君大笑，觉得这些麦子也太少了。然而，塞萨的请求是呈指数增长的。第一格有 2^0（1）粒麦子，第二格 2^1 粒，第三格 2^2 粒，以此类推。这意味着最后一格有 2^{63} 粒麦子。全部麦子的数量是 18 446 744 073 709 551 615 粒！主君的财务官告诉他倾全国之富也没这么多。有的版本的故事里，主君提拔塞萨成了首席顾问；其他版本里，塞萨被处决了！

简化数字

棋盘的故事阐述了指数是如何表示巨大数字的。反之，也展示出巨大数字比如 18 446 744 073 709 551 615 可以简化成 $2^{64}-1$，简便易用。

阶

公元前 2 世纪，中国数学家开始用 10 的几次方来简化大数：100 就是 10^2，1000 就是 10^3。所以对于百万，无须写

10 的幂

这些前缀词表示度量的阶。有的我们很熟悉：1 千米就是 10^3 米或者说 1000 米；1 兆瓦就是 10^6 瓦或者说 100 万瓦。别的就很奇特了。

前缀	符号	具体数值	幂的形式
yotta	Y	1 000 000 000 000 000 000 000 000	10^{24}
zetta	Z	1 000 000 000 000 000 000 000	10^{21}
exa	E	1 000 000 000 000 000 000	10^{18}
peta	P	1 000 000 000 000 000	10^{15}
tera	T	1 000 000 000 000	10^{12}
giga	G	1 000 000 000	10^9
mega	M	1 000 000	10^6
kilo	k	1 000	10^3
hecto	h	100	10^2
deca	da	10	10^1
deci	d	0.1	10^{-1}
centi	c	0.01	10^{-2}
milli	m	0.001	10^{-3}
micro	μ	0.000 001	10^{-6}
nano	n	0.000 000 001	10^{-9}
pico	p	0.000 000 000 001	10^{-12}
femto	f	0.000 000 000 000 001	10^{-15}
atto	a	0.000 000 000 000 000 001	10^{-18}
zepto	z	0.000 000 000 000 000 000 001	10^{-21}
yocto	y	0.000 000 000 000 000 000 000 001	10^{-24}

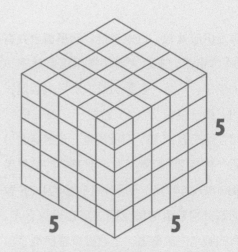

边长是 5 个单位的立方体共有 5^3 个单位，或者说 125 个单位。在这里没法全都展示了。

5

5 5

$$5^3 = 125$$

出 1 000 000，简写为 10^6 即可；20 亿就是 2×10^9。这套系统就是阶，在表达现实世界中大得写不下的数字时非常有用。比如，2 克氢气中的氢分子数是 $6.022\ 140\ 86 \times 10^{23}$。

幂的运算法则

幂的运算法则非常简单，比如 10^2 就是 10×10。换个角度来看，$10^1 \times 10^1$ 跟 10^{1+1} 或者说 10^2 是一样的。只要底数一

样，幂的运算法则就是这样的。我们再试试看：$2^2 \times 2^3 = 4 \times 8 = 32$。运用乘方技巧，$2^2 \times 2^3 = 2^{2+3} = 2^5 = 32$。成立啦！这就是幂的运算法则，分为两部分：第一条是说同一底数相乘，指数相加即是答案；第二条也简单易掌握：同一底数相除，指数相减。比如，$3^3/3^2 = 3^{3-2} = 3^1$，也就是 27/9＝3。

负数次方

幂的运算法则揭示了为何零次方可能存在。$2^1 \times 2^0 = 2^{1+0} = 2^1 = 2$，所以 2^0 一定等于 1——任何数的零次方都等于 1。那么我们扩展这种思路，看看做除法会如何：$2^0/2^1 = 2^{0-1} = 2^{-1}$。负数次方是对分数的一种表达，$2^{-1}$ 就是 1 除以 2 或者说 1/2。负数次方对数量级尤其有用。十亿分之一就是 1×10^{-9}，而皮秒就是 1×10^{-12} 秒——也

《沙数计量》

多产的古希腊数学家阿基米德写了一本名为《沙数计量》的书。书中他尝试指出多少粒沙子可以填充整个宇宙。他的答案是 10^{63}（译者注：另有说法是 10^{22}）。在计量过程中，阿基米德发现了对幂的运算法则的早期证明。

阿基米德

在《沙数计量》中，阿基米德把数字的命名系统拓展到 8×10^{16}。

$$x^2 x^3 = x^{2+3} = x^5$$

乘方之名

　　1557 年，威尔士数学家罗伯特·雷科德（他也是等号的发明者，参见第 107 页）在他的书《砺智石》（下图）里创造了一套乘方系统。与我们现代的系统相比，这个系统异想天开，又纷繁复杂。雷科德把 2 次方叫作平方，3 次方叫作立方，更大的素数次方叫作超立方。因此，5 次方是"首个超立方"，7 次方是"第二个超立方"，11 次方是"第三个超立方"，如此这般。非素数次方的名字则更为费解：6 次方是平立方，8 次方是平平平方，那么 16 次方就是平平平平方！雷科德给它发明了一个简写：一个"z"就是平方，"&"就是立方。因此，2^{12} 简写为"2zz&"或者 $2^{2 \times 2 \times 3}$。

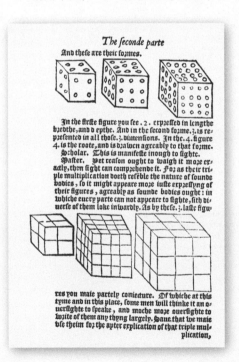

　　就是万亿分之一秒。负数次方的运算法则跟正数次方是一样的：$10^{-12} \times 10^{-12} = 10^{-24}$。无论数大数小，数学上用幂，就能轻易把握它。

参见：
▶ 复数，第 86 页
▶ 对数，第 98 页
▶ 10 的古戈尔次方：古戈尔普勒克斯，第 168 页

斐波那契数列

斐波那契数列看似平凡无奇，却对图案和图形"滋养"甚丰，且与大自然关系奇妙。它来自一个兔子之谜。

斐波那契数列以比萨的列奥纳多姓氏的绰号命名。多谢此人，在 13 世纪为欧洲引入了印度－阿拉伯数字。他姓氏的绰号更为人熟知：斐波那契，意思是"波那契之子"——他的父亲是家乡举足轻重的商贾。

兔子之谜

我们对斐波那契的数学成就的了解，大多来自他的著作《计算之书》。它是商人的向导，帮助他

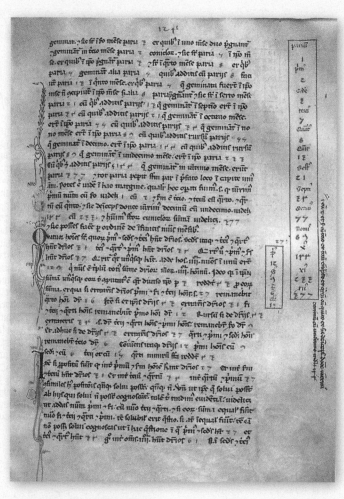

《计算之书》页面边沿的斐波那契数列（阿拉伯数字）。下页的底部是另一个例子，你能指出其中的规律吗？

们计算利润和在不同国家管理融资。斐波那契也在其中融入了他的数学趣味。他讨论了素数和无理数（见第 58 页和第 40 页）。而最有名的就是关于兔子的那章，斐波那契展示了如何用数学的方法表达一对兔子传宗接代开枝散叶。他用到的数学知识就是斐波那契数列，该数列除了可用于描述动物的繁衍以外，还告诉了我们很多很多。

何谓数列？

观察斐波那契数列之前，我们得先定义在数学里什么是数列。数列就是一串数字，加入的新数字是由之前的数字计算得来的。最简单的数列就是自然数，从 0 开始，每个再加 1 就是下一个数：1，2，3，4，…。乘法数列也是一样。3 的倍数表从 0 开始，后面每个数再加 3：3，6，9，12，…。这些例子是算术数列，也就是说随着数列的增长，相邻两项的差是个常数。也有几何数列，相邻两项的增（减）符合一定规律。一个简单的例子就是用一个因子去乘。用 2 作为因

阶乘！

斐波那契数列是无穷无尽的，它永远增长，本页提出的算术数列和几何数列也是一样。你可以不断添加新数进去。阶乘是用一个数乘以所有比它小的数（一直到 1）。它用"！"表示。所以 5！就是 5×4×3×2×1=120。阶乘一般是非常大的数：20！有 19 位，100！有 158 位。阶乘一般用来表示一串数字（或者其他东西）有多少种排列。比如，如果你有 5 种不同颜色的筹码，就有 120 种摆放方式。如果你有 20 种不同颜色的筹码，就有 2 432 902 008 176 640 000 种摆放方式。

子的数列 2，4，8，16，32，…，相邻两项是两倍的关系——这串数字越往后越大，增长迅速（更多内容参见第 76 页）。尽管如此，增长的速率是一定的。斐波那契数列既不是算术数列，也不是几何数列，它可特殊了。

1, 1, 2, 3, 5, 8, 13, 21, 34, 55, 89, 144, 233, 377, 610, 987, 1597, 2584, 4181, 6765, 10 946, 17 711, 28 657, 46 368, 75 025, 121 393, 196 418, 317 811

兔子繁殖

斐波那契以兔子的数量展示他的数列。最开始有一对小兔子，一个月后成熟。第二个月，母兔妊娠，第三个月，生一对小兔。小兔也花一个月成熟，然后，如同它们的父母，从第三个月开始每月生一对小兔。斐波那契发现每月的兔子数都是前两个月的数量之和。

1　1

2　1

3　2

4　3

5　5

6　8

斐波那契数列就是每个月兔子的对数。

1　月份

1　兔子的对数

一对成熟的兔子

一对小兔子

数学养兔

斐波那契数列阐述了兔群数量的增长规律。斐波那契指定了兔子繁殖的一套规律，但是我们没法用它来管理农场——现实中兔子可不是这么繁殖的。虽然如此，斐波那契的例子还是以某种方式展示了这串有趣的数列。从上图你可以看出这套系统是怎么回事。他的例子是这样的：一对兔子生小兔子，小兔子出生一个月之后就有繁殖能力，再过一个月就生一对头胎，此后它们每月都生一对——所生的小兔子也是如此繁殖。斐波那契的兔子数列问题

$$F_n = F_{n-1} + F_{n-2}$$

就是：如果年初在田里放一对刚出生的兔子，12 个月之后总共有多少兔子呢？

兔子计数

按照从 1 月到 12 月的顺序，斐波那契数列是 1，1，2，3，5，8，13，21，34，55，89 和 144。一年之后就有 144 对兔子了。24 个月后有 46 368 对，36 个月或者说 3 年之后有 14 930 352 对。如果兔子繁殖得这么快，非得有块大田地不可！

斐波那契数

这个数列里的数叫作斐波那契数（F_n）。数列是无穷的，但是并非算术数列，因为斐波那契数之间的间距是不同的；也非几何数列，因为间距不是常数的倍数。那么，我们如何计算斐波那契数呢？下一个数必为之前两数之和，所以，F_3 就是 F_1+F_2，也就是 1+1=2；F_4 就是 F_2+F_3，也就是 1+2=3，如此这般。递推公式是 $F_n=F_{n-1}+F_{n-2}$。请注意数列的头两个数字都是 1。有的数学家从 F_0=0 算起，设想一开始田里根本没有兔子，然后我们放一对兔子（F_1=1），那么接下来 F_2 就是 F_0+F_1，或者说 0+1=1。

循环模式

在 1 之前添补 0 有助于我们理解斐波那契数列的模式。首先我们观察皮萨诺的列奥纳多发现的皮萨诺周期。这名字听着耳熟吧，因为就是斐波那契这人的别名嘛（译者注：皮萨诺的列奥纳多就是比萨的列奥纳多之别名）。他发现一个模式，就是用某个特定的数除斐波那契数取余数。大多

比萨的列奥纳多，又名斐波那契，实际上以他名字命名的斐波那契数列并不是他最先研究出来的。在古印度，已经有人用它吟诗了！

数情况下是不能整除的，所以有余数。比如，用前段的0、1、1、2、3、5、8、13除以3取余数，得到0、1、1、2、0、2、2、1。0、1和2是不能被3整除的，所以余数就是0、1和2（译者注：这里把0也算作不能整除了，通常0作除数没有意义）。

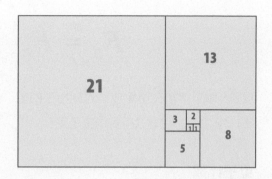

黄金矩形（见第46页）中正方形的边长是斐波那契数。

海螺壳越长越宽。据说它也是按照斐波那契数列生长的，但是增长的比例小了些——尽管如此，依然美不胜收。

用3除5余2，如此这般，得到了由0、1、2组成的数串（见第142页：取模运算）。继续算下面的8个斐波那契数21、34、55、89、144、233、377、610，除以3取余数，得到0、1、1、2、0、2、2、1。关于3的皮萨诺周期是8，因为这串数8个一循环。关于4的周期是6，关于5的周期是20，关于10的周期是60。（奇怪的是，用10除取余数就是斐波那契数的尾数。）每个自然数都有皮萨诺周期，但是，谁也不能指出该如何测算一个数的周期。

其他模式

斐波那契数做除法时也有个模式。一个小的斐波那契数能整除大的，当（且仅当）它们相应的序号也能整除。也就是说第四个斐波

黄金关联

斐波那契数与黄金比例有着神秘的联系。黄金矩形中正方形的边长是斐波那契数（见第 84 页的图），而且它们也与黄金螺旋（见第 48 页）有关。随着数列的增长，数列中相邻两数的比接近黄金比例 Φ 或 者 1.618 033…。此表展示了斐波那契数列中后一个数与前一个数做除法的结果。除了最初的几个数以外，其他的结果跟 Φ 差不多。这个结果没法精确达到 Φ，但是随着数列的增长会与之越来越接近。

序号	数	后一个斐波那契数/前一个	与Φ的差距
1	1		
2	1	1.000 000 000 000 000	−0.618 033 988 749 895
3	2	2.000 000 000 000 000	+0.381 966 011 250 105
4	3	1.500 000 000 000 000	−0.118 033 988 749 895
5	5	1.666 666 666 666 667	+0.048 632 677 916 772
6	8	1.600 000 000 000 000	−0.018 033 988 749 895
7	13	1.625 000 000 000 000	+0.006 966 011 250 105
8	21	1.615 384 615 384 615	−0.002 649 373 365 279
9	34	1.619 047 619 047 619	+0.001 013 630 297 724
10	55	1.617 647 058 823 529	−0.000 386 929 926 365
11	89	1.618 181 818 181 818	+0.000 147 829 431 923
12	144	1.617 977 528 089 888	−0.000 056 460 660 007
13	233	1.618 055 555 555 556	+0.000 021 566 805 661
14	377	1.618 025 751 072 961	−0.000 008 237 676 933
15	610	1.618 037 135 278 515	+0.000 003 146 528 620
16	987	1.618 032 786 885 246	−0.000 001 201 864 649
17	1597	1.618 034 447 821 682	+0.000 000 459 071 787
18	2584	1.618 033 813 400 125	−0.000 000 175 349 770
19	4181	1.618 034 055 727 554	+0.000 000 066 977 659
20	6765	1.618 033 963 166 707	−0.000 000 025 583 188

那契数 F_4（3）可以整除第八个 F_8（21），还能整除 F_{12}（144）和 F_{16}（987）。但是，它不能整除夹在其间的斐波那契数！斐波那契数的增长方式十分奇妙，关乎序号。开头的几个数的平方是 1、1、4、9、25、64。我们两两相加，例如，$F_3^2+F_4^2=F_7$。你看到了，平方和也是斐波那契数，而且序号（7）就是原来两数的序号之和（3+4）。这些模式是斐波那契数在数学中最初绽放的光彩。

参见：
▶ 黄金比例，第 44 页
▶ 数 e，第 138 页

复　数

数学越来越奇怪啦。何时数不是数？就是在虚数中呀。假如把虚数与现实中切切实实存在的实数结合起来，那又如何呢？

$$i = \sqrt{-1}$$

虚数单位不是 1 而是 i，就是 −1 的平方根。

事实上，数学是非常有创造性的。看起来数学总是循规蹈矩，不能越雷池半步，然而，16 世纪，数学家对某一个问题迸发出难以置信的创造力。遵循数学的法则，他们找到的答案恰恰违反了这些法则。与"实数"相对，他们创造了"虚数"。计数方法别无二致，但虚数不是由 1 构成的。最初，这种做数学的方法似乎荒诞不经，但最终大有妙用。

到的数，如 4（2×2）、9（3×3）和 16（4×4）。

平方数

数学家打破陈规，基于平方数（见第 76 页：乘方）引出了虚数的概念。平方数是能由某个数乘以自身得

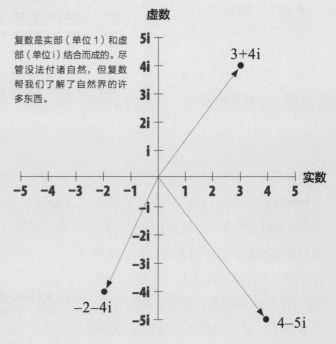

复数是实部（单位 1）和虚部（单位 i）结合而成的。尽管没法付诸自然，但复数帮我们了解了自然界的许多东西。

平方根

我们说 4 是"2 的平方"，写作 2^2，这种关系反过来也成立：每个平方数都有个平方根，平方根自乘才得到平方数。所以说 4 的平方根是 2。我们写成 $\sqrt{4}=2$。还有 $\sqrt{9}=3$，$\sqrt{16}=4$，如此这般。数学中的许多问题，比方说勾股定理（见第 36 页）以及圆和其他曲线形状（见第 74 页），若要理解，非得知晓何为平方数、何为平方根不可。

负数

从公元 8 世纪零的发现以来，数学家明白了每个平方数实际上都有两个可能的平方根。其缘由就是负数——小于零的数（见第 33 页）。负数跟正数一样可以做平方。$(+2) \times (+2)=+4$，这是千真万确的，$(-2) \times (-2)=+4$ 亦然。乘法里有个规则就是同号（ + 或 - ）两数相乘，乘积必为正数。正正相乘为正，负负相乘也为正。设想

你欠某人 40 元，你可以说那人有 -40 元。债主从你这里拿了两笔 20 元回去，也就是你将 $(-2) \times (-20 元)=40 元$ 给了债主。

无根之数

$\sqrt{4}$ 可以等于 +2 或者 -2。但是，正

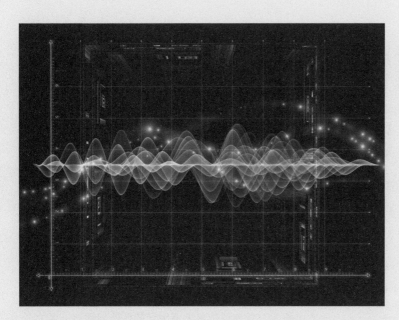

可以使用复数里的 i 来分解混杂的波，比如自然界的声波，将其分成一组简单的波，便于逐个解析。

数和负数相乘得负数。（以借钱的例子来看，债主给你 2×20 元，对于他们是（-2）× 20 元，结果他们有 -40 元！）因为 -4 是 +2 和 -2 的乘积，所以它不是平方数。因此，就我们的规则而言，-4 是没有平方根的，$\sqrt{-4}$ 不存在。

1 的平方

到这里为止，我们还没顾上数字 1。数字 1 是个平方数，但是个非常特殊的平方数，因为 1×1=1，且 $\sqrt{1}$ 也是 1。但是，1×（-1）=-1，我们已经知道了，-1 是没有平方根的，至少在实数范围内没有。

对抗法则

16 世纪，许多数学家尝试进行 3 次方或 4 次方的复杂计算。这里要使用平方根，他们发现某些情况下，答案依赖于 $\sqrt{-1}$。但这不可能得到，这可能吗？1545 年，意大利人吉罗拉莫·卡尔达诺发现了解决这一问题的思路。他假设有下面这么一个数！

创造虚数

卡尔达诺决定干脆创造一个虚数单位等于 $\sqrt{-1}$。他描绘了一个假设的数，日后称为虚数。虚数单位就是 i，等价于实数里的 1。关键的区别在于 $1^2=1$，而 $i^2=-1$。"虚"这个字不是很有助于理解。理解这个的好

四元数

德国数学家卡尔·弗里德里希·高斯用复数做了大量工作（命名复数也是他的主意）。1831 年，他把它们描绘为"影中之影"，他发现 i 仅仅是诸多复数单位中最简单的。1843 年，威廉·罗恩·汉密尔顿揭示了复数仅是四元数的一个子集。四元数是四维的，使用单位 j、k、1 和 i。这是一套非常复杂的数学体系，并非设定虚数在另一坐标轴，而是先将它们展成一个平面，接着是三维立体，再接着是四维的"域"。汉密尔顿在都柏林散步时悟出了这个，唯恐忘记，就把他的公式刻在了石桥上！

x	1	i	j	k
1	1	i	j	k
i	i	−1	k	j
j	j	k	−1	i
k	k	j	i	−1

四元数乘法表

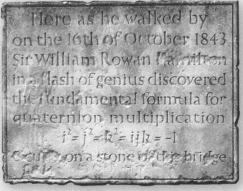

纪念汉密尔顿发现四元数的纪念牌。

美妙的分形图案，一圈一圈地放大重复特征。它是用复数构建的。

办法是认为 i 是另一条数轴上的 1。但是，它们的原理是一样的。所以，实数里 4 是 4×1，虚数 4i 就是 4×i。

创造复数

虚数与实数原理一样：2i+3i=5i，就它们自己而言，跟实数没什么不同。但是，卡尔达诺的同事拉斐尔·邦贝利把虚数和实数结合起来创造了复数。

是面非线

复数有实部和虚部，举个例子：1+i 或者 7–2i。复数不是在一条坐标轴上，而是填充了整个数字平面，或者说平坦空间。实部和虚部类似坐标，请看第 86 页的图，现在来说意义匪浅。复数运算也很容易，你只要把实部和虚部分开计算就好了：(1+i)+(7–2i)=8–i。乘法略微特别：i^2=–1，i^3=–i，还有 i/i=1！

实亦是虚

复数可以用来理解新的数学领域，它们也可以用来刻画真实事物，比如波或者其他旋转起伏的东西。举个例子：刻画亚原子的运动就用到复数，甚至计算你房屋里有多大电流也用到复数。这是挺奇怪的，虽然电流不能用虚数来衡量，但是我们仍然用虚数来了解其原理。

参见：
▶ 零，第 30 页
▶ 乘方，第 76 页
▶ 数学运算符号，第 104 页

原理

复数加法看起来难，但用的都是常规的数学知识。用下例看看是怎么算的。

加法和减法，是用实部和虚部分别加减。

$$(2 + 2i) + (1 + i)$$
$$= (2 + 1) + (2i + i) = 3 + 3i$$

$$(6 + i) + (4 – 2i)$$
$$= (6 + 4) + (i – 2i) = 10 – i$$

乘法是用复数的所有部分乘以另一个数的所有部分。

$$(2 + i) \times (3 + i)$$
$$= (2 \times 3) + (2 \times i) + (i \times 3) + (i \times i)$$
$$= 6 + 2i + 3i + i^2$$

下面进行化简。记得 i^2=–1 哦。

$$= 6 + 5i + i^2 = 6 + 5i – 1$$
$$= 5 + 5i$$

十进制小数

我们每天都使用十进制。商品标价用十进制的元、角、分。而十进制小数揭示出了整数之间的那些数。

十进制小数，或者简称小数，在日常生活中随处可见。一朝学会，我们就会本能地意识到 0.5 就是一半，0.25 就是所谓

的一刻，0.1 就是一分，也许 0.01 就是一厘。这里我们所做的一切就是用跟整数那套一模一样的系统来表示小数。

普普通通

或许另一种说法的历史更为悠久——非整数都用普通分数（见第 26 页）来表示。"普通"一词多意。有时候它的意思是下里巴人，但是用在普通分数里则相当正规。在这个语境下，普通的意思是"简单"或者"未加工"。普通分数把某个整体分成小的部分。比如，一个整体可以分成两部分、三部分、四部分、五部分，等等。这样的话，如果想把 1/4 和

以小数表示的股价不断更迭，展现了世界经济形势。

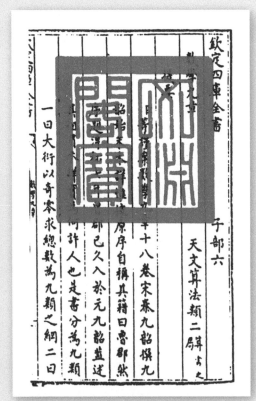

中国的数学著作《九章算术》中展示的小数。

是荷兰数学家西蒙·斯蒂文之功。使用十进制的想法出现得更早，虽然谁也不知道有多早，但是，我们知道中国、古希腊和埃及数学家以不同方式分别发明了它。他们的十进制系统是非常强有力的数学工

快艇车

比利时和荷兰海岸线，沿海围垦地上的快艇车比赛。

1/5 相加，计算时就有点麻烦，得先通分才可以（见第 27 页方框）。小数解决了这一难题（虽然小数带来了另外的难题，参见第 96 页方框）。

十进制的使用

"十进制"这个词的意思是"使用十"（即满十进一），十进制小数对应的分母是 10 的幂（但没有显式写出），换言之，就是十分之几，百分之几，千分之几，等等。这种十进制小数的写法起源于 400 年前，

大多数语言中沿用希腊的数学语汇，但是西蒙·斯蒂文在数学中使用了荷兰语"wiskunde"，意思是"确信无疑"，他以此享誉。斯蒂文不仅仅是数学领域的发明家，传说他在 1600 年左右发明了快艇车。他的奇妙装置取悦了奥兰治的毛里斯亲王——佛兰德斯统治者，佛兰德斯是一片平坦的沿海围垦地。

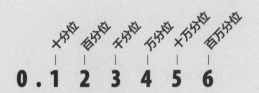

十分位　百分位　千分位　万分位　十万分位　百万分位

0.123456

十进制小数使用进位制数字系统表示介于整数之间的数。

具，在复杂研究中十分有用。当今，从经济活动、科研到商品价格标示和房屋面积统计，小数在日常生活的方方面面都很有用。

六十进制的放弃

很奇怪，一般大众习惯使用十进制小数之前很久，人类已经在用另一套很相似的系统——六十进制小数。我们沿袭巴比伦人的系统，他们不是用 10，而是用 60 来构建数字系统（见第 16 页：数字系统）。所以，巴比伦人不对物品做 10 等分，他们做 60 等分。后来，巴比伦文明消失了，使用 60 等分为单位的思路却流传下来了。小的单位，或者说"分"（来自拉丁文，意思是"小"）就是 1/60，"秒"又是分的 1/60。我们现在还用"分""秒"这些词（见第 18 页）。16 世纪，把一份分成 60 小份，或者其衍生物，比如 12 小份，是很常见的做法。然而，1575 年，法国数学家弗朗索瓦·维特提出要用基

于 10 的系统，他声言十进制小数写起数字来比 π 或者 Φ 什么的更方便。

十进制的艺术

现今使用的十进制小数来自西蒙·斯蒂文，1585 年，他在其著作《论十进》（也即讨论十进制的艺术一书）中，发明了十进制小数的写法。斯蒂文的十进制系统在下一页展现。他在"0"上画个圈表示其余是小数部分，那么，"5"后面圆圈里有

西蒙·斯蒂文的雕像矗立于比利时的布鲁日，以纪念他在工程和数学上的功勋。

小数标注

现代小数的标注方法从 1585 年西蒙·斯蒂文发明以来，经历了超过一个世纪的变革，右表展示了其随时间的演进。这些人都是在探索：在哪里应该标明数字单位变小了，变成十分位、百分位、千分位了。括弧、冒号以及各式各样的下标和上标都试行过。1691 年，圆点开始使用了。

圆点左边的个位数表示乘以 10，右边的十分位数表示除以 10。在某些欧洲传统中，划分的标点用的是逗号，独树一帜。

作者	年份	标注
西蒙·斯蒂文以前		$37^{\,245/1000}$
西蒙·斯蒂文	1585	37⓪2①4②5③
弗朗索瓦·维特	1600	$37|_{245}$
约翰尼斯·开普勒	1616	37(245
约翰·纳皮尔	1617	$37:2^{\mathrm{I}}\ 4^{\mathrm{II}}\ 5^{\mathrm{III}}$
亨利·布里格斯	1624	$37\underline{245}$
威廉·乌特雷德	1631	37|<u>245</u>
理查德·巴拉姆	1653	37:245
雅克·奥扎南	1691	(1) (2) (3) 37·2　4　5
现代		37.245

个 1 表示 5×10^{-1} 或者 5 个 0.1；然后，"4" 后面圆圈里有个 2 表示 4×10^{-2} 或者 4 个 0.01；这个小数里还包含 2 个 0.001 和 9 个 0.0001。跟现代系统相比，斯蒂文的系统挺烦琐的，但是对于使用整数进位制的系统来说，这是个突破。

184.5429

十进制小数的现代写法和 1585 年西蒙·斯蒂文在《论十进》中创立的写法。

184⓪5①4②2③9④

THIENDE.   **13**

HET ANDER DEEL
DER THIENDE VANDE
WERCKINCHE.

I. VOORSTEL VANDE
VERGADERINGHE.

Wesende ghegeven Thiendetalen te vergaderen: hare Somme te vinden.

T'GHEGHEVEN. Het sijn drie oirdens van Thiendetalen, welcker eerste 27 ⓪ 8 ① 4 ② 7 ③ , de tweede, 37. ⓪ 6 ① 7 ② 5 ③ , de derde, 875 ⓪ 7 ① 8 ② 2 ③ , T'BEGHEERDE. Wy moeten haer Somme vinden . WERCKING. Men sal de ghegheven ghetalen in oirden stellen als hier neven, die vergaderende naer de ghemeene maniere der vergaderinghe van heelegetalen aldus:

	⓪	①	②	③
2	7	8	4	7
3	7	6	7	5
8	7	5	7	8	2
9	4	1	3	0	4

Comt in Somme (door het 1. probleme onser Franscher Arith.) 9 4 1 3 0 4 dat sijn (t'welck de

去右边

　　我们对整数的写法很熟悉了：个位数0~9写在右边，十、百、千写在左边。小数系统也用同样的方式表示小于1、大于0的数，把数写在个位数的右边。斯蒂文在整数部分后面用一个圈里的零来表示其后的是小数部分，到了17世纪90年代，这个写法变形成了一个点（见上页方框）。最初的书面记录来自法国人雅克·奥扎南的数学词典。小数点右边的第一个数字代表十分之一，第二个代表百分之一，然后是千分之一，以此类推，可以延伸到无穷无尽，无以命名。

雅克·奥扎南书中的一幅插画，用小数系统分割线段。

循环小数

　　循环小数是无穷长，但是有循环节的小数。最简单的类型如 1/3，就是 0.3 后面带了无穷个 3 的小数。它用首位 3 上加一个点来表示。有的循环小数是从后几位才开始循环的。在循环节上才加点。对循环节多于两位数字的，在循环节的首位和末位数字上加点。

$0.\dot{3}$　　$0.333333333333\cdots$
$0.1\dot{2}$　　$0.122222222222\cdots$
$0.\dot{1}2\dot{3}$　　$0.123123123123\cdots$
$0.1\dot{2}\dot{3}$　　$0.123232323232\cdots$

简单的分数

　　1/2 写成小数是 0.5。0 表示没有整数部分，小数点之后的 5 表示有 5 个 1/10，作为普通分数来说就是 5/10，可以化简成 1/2。同理，1¼ 就是 1.25，1 表示 1 个单位 1，小数点后有 2 个 1/10 和 5 个 1/100：1+2/10+5/100。它可以化简成 1+25/100 或者 1+1/4。这有助于理解分数与小数的等价关系：0.75 就是 3/4，0.2 就是 1/5，0.125 就是 1/8。然而，无须将它们化简为普通分数，因为它们的表示方式一致，可以直接做算术运算：1/4 乘以 2 就是 0.25×2=0.5（注意小数末尾的零就不用写出来了）。

显式表达

对于 1/3 或者其他无法被 10 的幂整除的小数来说，小数系统的效率挺低的。1/3 写成小数就是 0.3 后面有无穷个 3，没法全部写出来，这就是所谓的循环小数（见对页方框）。尽管如此，循环小数似乎也是可以精确估计的，其位数越多，就跟真实值越接近。所以，0.333 比 0.33 更精确，但是不如 0.3333。六位的小数可以表示任何误差在百万分之一以内的循环小数。

参见：
▶ 乘方，第 76 页
▶ 度量与单位，第 122 页

原理

现在我们了解小数了，来看看如何在分数和小数之间转化。

分数转化为小数：

$$^5/_{10} = \mathbf{0.5}$$

$$2\,^3/_4 = 2 + {}^{75}/_{100} = \mathbf{2.75}$$

$$3\,^1/_8 = 3 + {}^{125}/_{1000} = \mathbf{3.125}$$

$$10\,^1/_{100} = \mathbf{10.01}$$

$$4\,^2/_5 = 4 + {}^4/_{10} = \mathbf{4.4}$$

小数转化为分数：

$$\mathbf{3.5} = 3\,^5/_{10} = 3\,^1/_2$$

$$\mathbf{87.75} = 87\,^{75}/_{100} = 87\,^3/_4$$

$$\mathbf{0.375} = {}^{375}/_{1000} = {}^3/_8$$

$$\mathbf{3.2} = 3\,^2/_{10} = 3\,^1/_5$$

$$\mathbf{4.\dot{3}} = 4\,^{333\cdots}/_{1000\cdots} = 4\,^1/_3$$

对　数

对数常被写为 "logx" 的形式，它是一种把复杂的乘法转化成加法的运算方式。在日常生活中，几乎随处可见对数的运算。

对数运算是指数运算的逆运算。正如牧师拉赫·塞萨和那个被愚弄的国王所发现的（见第 76 页），指数越大，幂增长得越快。

指数增长

随着指数的逐次增大，增长一个相同比率数值的现象称为指数增长。想象这一现象的一个简单方式是考虑一个大数量级，或者以 10 为底的增长情况。此时容易理解，因为我们使用的数字系统是十进制位值制：由个（10^0）、十（10^1）、百（10^2）、千（10^3）

苏格兰的地主约翰·纳皮尔于 1614 年发明了对数运算。

等构建整个数字王国。一百（10^2）是十（10^1）的 10 倍，一千（10^3）是十（10^1）的 100 倍，依此类推，随着数位向左移动，每个位置代表的位值逐项 10 倍增长。以十位数为例，只要数位向左移动 5 位，数就能增长为百万，只要移动 11 位就能增长到万亿。向左每移动一位，数都增长 10 倍，因此，相邻两数之间的差变得越来越大，趋于无穷。这形成一个等比数列（见第 76 页），而且朝反方向看，这种指数变化仍然见效，只

数值	1	2	4	8	16	32	64
$\log_2$	0	1	2	3	4	5	6

数值	1	10	100	1000	10 000	100 000	1 000 000
$\log_{10}$	0	1	2	3	4	5	6

左边的表分别表示一些数在以 2 为底数和以 10 为底数时的对数取值情况。每一个数关于某个底数的对数恰好等于对底数做乘方运算转化为这个数时所需要的指数。

地震震级

地震是地球上最为剧烈的地质活动之一。地震产生的撕裂地表的力量是用里氏震级来度量的。其实，震级为 1 的轻微地震每 30 秒就发生一次，但是，我们人类自身察觉不到，而 8 级及以上震级的地震发生的频率一年可能不到一次。里氏震级描述地面上下震荡的程度，是一个对数值，也就是说，9 级地震并不是只比 1 级地震增强 8 倍的震荡程度，而是 1 亿（10^8）倍的剧烈程度！

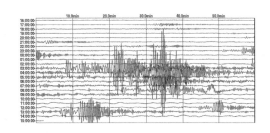

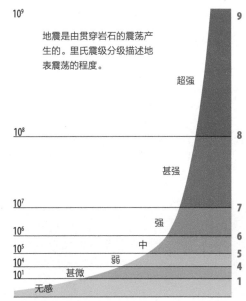

地震是由贯穿岩石的震荡产生的。里氏震级分级描述地表震荡的程度。

当一次强震传达到地表时，固体建筑物将破裂。

是每位的数值除以这个公比。反方向看时，数列递减趋于 0（但是始终达不到 0）。

对数运算的精妙

处理成批以指数增长的数值是很困难的，而对数运算就把这事简单化了。之所以简单了，关键在于对数运算让我们能只计算这些数的幂，而不是这些大数本身。这也就是说，即使处理很大的数，比如 1 万亿，我们也只需要对 12 进

行运算，而 12 相对于 1 万亿自然
简单很多很多。

理性与数

在更细致观察对数之前，我们
先了解一下对数定义的来源。对
数的发明归功于苏格兰数学家约
翰·纳皮尔。1614 年，他出版了
一本著作，名为《奇妙对数规则的
说明》，是对奇妙的对数原理的解
析。我们可以猜测纳皮尔不是一

纳皮尔乘除器——由约翰·纳皮尔
发明的计算大数乘法的简易计算器
（见第 114 页）。

约翰·纳皮尔关于对数的著作《奇
妙对数规则的说明》扉页。

个非常谦逊的人，但是他确实有足够的
理由自豪于他的这项发明。他把对数取
名为 "logarithmorum"，这个词结合了
"logos" 和 "arithmos" 两个词，前者意
为 "理性"，而后者意为 "数"。

以 10 为底

多年后，纳皮尔的对数系统由他的英
国同行亨利·布里格斯进行了改进。布
里格斯关注以 10 为底的对数，而这正是
我们现在常用的。以 10 为底的对数，我
们现在称为常用对数，记作 $\log_{10}$，因此，
100 取对数的值是 2，即 $\log_{10}100=2$。类
似 的，$\log_{10}1000=3$ 及 $\log_{10}10\,000=4$。
这种表达大数的方式，使得我们能够把大
数之间复杂的乘法运算转变为简单的加

神奇的公鸡

约翰·纳皮尔是一位容易让人印象深刻的人，他个子很高，经常穿黑色如巫师袍的长袍。他从爱丁堡外出时总是带着一只黑毛的公鸡，许多人怀疑他把这只公鸡用于巫术中。传说纳皮尔利用他的声誉和这只公鸡侦破犯罪行为。有一次，他怀疑他的一名仆人偷窃，于是，他把所有仆人召集到一个密闭的房间外，并告诉他们房间内有一只神奇的公鸡。仆人被要求轮流进屋去抓这只公鸡，然后放了鸡，离开房间。公鸡的神力会观察出哪个仆人是小偷。而这个方法真的奏效了。事实上，纳皮尔事先在鸡身上撒了些烟灰，当仆人抱起鸡时，手上就会染上烟灰而变黑。而窃贼不敢抱鸡，因此，白净的双手就暴露出窃贼的身份。

在如纳皮尔一样的天才手中，黑公鸡成了一个强大的工具。

法运算。比如 100 × 1000 × 10 000 的计算不再困难，你只需把这 3 个数的对数值相加，即 2+3+4=9，再分析知道 9 是 1 000 000 000 以 10 为底的对数，进而得到乘积为 10 亿。这个过程中，我们只是把 3 个数的指数做了加法，与幂的运算法则相同（见第 78 页）。

对数表

上面的例子考查的数都是 10 的整数次乘方形式。其他的数呢？比方说，$\log_{10}5$ 等于多少呢？答案是 0.698 97。换句话说，$10^{0.698\,97}=5$。由此也可以知道 $\log_{10}500=2.698\,97$。这是因为根据对数性质拆开计算，$\log_{10}500=\log_{10}5+\log_{10}100=0.698\,97+2$。但是，大部分数的对数值很难计算。这也是布里格斯在纳皮尔的帮助下，于 1617 年发表对数表，注明 1000 以内所有数的对数值的原因。表中每一个数都精确到小数点后 14 位——精确的程度让人叹为观止。到 1628 年，布里格斯和他的合作者发表了常用对数表，列出了 100 000 以内所有数的对数值。

对数计算

运用对数表可以使得大数的乘法计算变得简单。比如，计算 123 × 654。从对数表上可以查得 $\log_{10}123=2.089\,91\cdots$ 和

下面两幅图描述了同一个数列的不同呈现形式。上图显示当数列呈指数增长时曲线呈上升趋势。下图显示当取完对数后，新的对数值数列呈直线型增长。

右图：算尺是一种运用对数的老式计算器。艾萨克·牛顿、阿尔伯特·爱因斯坦、美国国家航空航天局的科学家们和学校的学生都曾使用过算尺，直到它被廉价的计算机处理器所取代。

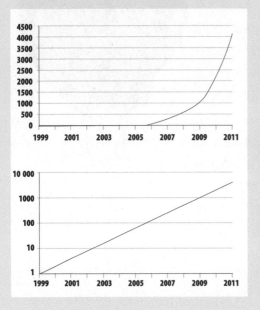

$\log_{10}654=2.815\,58\cdots$，求 $2.089\,91\cdots+2.815\,58\cdots=4.905\,49\cdots$。查表可知，$4.905\,49\cdots$ 是 80 442 以 10 为底的对数，因此 123 与 654 的乘积为 80 442。读者可以用计算器检验这个结果。计算器的出现使上述计算方式不再被人们运用，但直到 20 世纪 80 年代，教师还是普遍使用算尺为学生讲授这种计算方法。正如对数表可以使得我们把两个数的乘法转化为它们的对数值的加法，算尺是一把标有数字的对数标尺，在标尺上找到一个数的位置，沿标尺移动另一个数在标尺上的长度，即做一个加法，最终所落在的位置就显示出这两个数的乘积。第一把算尺是英国数学家威廉·奥特瑞德于 17 世纪 20 年代早期发明的。

其他基数

纳皮尔最初发明对数时并不是以 10 为底，而是用了一个更加复杂的数 e（见第 138 页：数 e）。但其实，对数运算可以以任何非 1 正数作为基数。我们将在第 131 页具体介绍基数的含义，而我们已经了解十进制计数，其实就是用 0 至 9 这 10 个数字为基本元素构建整个数字体系。二进制则是用两个数字 0 和 1，五进制是用 0 至 4 这 5 个数字，等等。每个数的对数值随着基数不同而不同。如 $\log_{10}100=2$，而 $\log_2 4=2$。这是因为 $10^2=100$，而 $2^2=4$。有趣的是，任何基数的平方根的对数值都是 0.5。例如，4 的平方根是 2（见第 87 页），所以，$\log_4 2 = 0.5$。

对数的应用

对数运算在代数之外也广泛应用，这是因为它使得对许多实际应用中的数处理起来更简单。从化学上测量酸碱度的 pH 试纸到地震的震级（见第 99 页的图），以及声音的分贝标尺，都依赖于对数。所有这些现象的现实意义天差地别。一个数据可能是另一个数据的 10 亿倍甚至万亿倍，而此时对数正好派上用场。比如，pH 试纸测量溶液中氢离子的浓度。最强的酸性溶液 pH 为 0，也就是说溶液中含有大量的氢离子。而 pH 为 1 则说明氢离子浓度缩小到了最强酸溶液中的 1/10。pH 是这

参见：
▶ 乘方，第 76 页
▶ 二进制与其他进制，第 130 页
▶ 数 e，第 138 页

个差距的对数值：$\log_{10} 10 = 1$。跟酸相对的概念是碱。当把酸碱混合时，会发生剧烈的反应。最强的碱性溶液含有的氢离子数是强酸的 0.000 000 000 000 01 倍，简单地说，它们的 pH 为 14。可见，得益于对数运算，化学家测量酸碱度的工作变得更为便利。

原理

对数运算对某些人来说是一种很难的运算。请观察分析下面的例题，了解其运算规则。

$1000 = 10^3$
故 $\log_{10} 1000 = 3$

$1\,000\,000 = 10^6$
故 $\log_{10} 1\,000\,000 = 6$

$4 = 2^2$ 故 $\log_2 4 = 2$

$1 = 10^0$ 故 $\log_{10} 1 = 0$

反之：

$2 = \log_{10} 100$ 故 $100 = 10^2$

$3 = \log_2 8$ 故 $8 = 2^3$

$0.5 = \log_9 3$ 故 $9^{0.5} = 3$

数学运算符号

数学运算符号对于简化数学表述形式非常重要，我们几乎无法想象在计算中缺了它们会怎样。但是，在数学史的千百年里，数学运算符号其实是一个相当新近的发明。

数学家们常称最好的数学发现看起来都该是很美的。他们喜欢把强大的理论用简单的符号来表达。比如，欧拉公式表明一个图形的顶点数（V）、边数（E）和面数（F）一定满足关系式 $V-E+F=2$。又如之前提到的毕达哥拉斯定理（即勾股定理），简简单单 $a^2+b^2=h^2$ 的形式。再如，欧拉恒等式 $e^{\pi i}+1=0$，这个式子展示出无理数 e、π 和虚数单位 i 以及 0 与 1 是如何相互关联起来的。而这些式子的美妙，至少部分地要归功于其简洁的表述形式。

72
4 + 5 Wiltu das wyſ-
4 — 17 ſen oder deßgley-
3 + 30 chen/So ſumier
4 — 19 die zentner vnd
3 + 44 lb vnnd was auß
3 + 22 —iſt/das iſt mi-
Zentner 3 — 11 lb nus dz ſetz beſon-
3 + 50 der vnnd werden
4 — 16 4539 lb (So
3 + 44 du die zendtner
3 + 29 zů lb gemachett
3 — 12 haſt vnnd das /
3 + 9 + das iſt meer
darzů Addiereſt) vnd 75 minus. Nun
ſolt du für holtz abſchlahen allweeg für
ain legel 24 lb. Vnd das iſt 13 mal 24.
vnd macht 312 lb darzů addier das —
das iſt 75 lb vnd werden 387. Dye ſub-
trahier von 4539. Vnd bleyben 4152
lb. Nun ſprich 100 lb das iſt ein zentner
pro 4 fl 1/5 wie kumen 4152 lb vnd kume
171 fl 5 ß 4 heller 2/3 Vñ iſt recht gemacht
Pfeffer

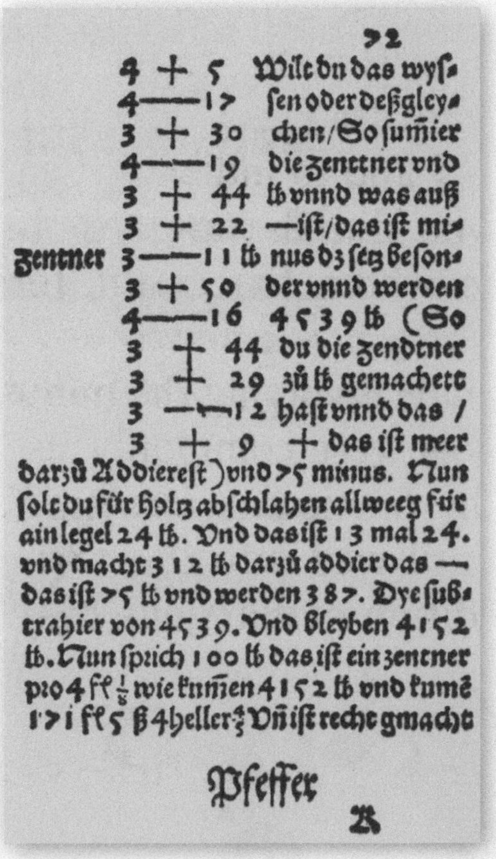

从约翰尼斯·威德曼于1489年出版的书中摘取的一页，他引入了加号和减号两个运算符号。

运用文字表达

我们已经知道如何用数码去构造整个数字系统（见第16页：数字系统）。但早期的人们是如何做加法的呢？事实上，古

| 减号 / 负号 | 加号 / 正号 | 乘号 | 除号 | 等号 |

5 个简单的运算符号足以令
你开启数学之旅。

The Arte

as their wozkes doe ertende) to diftincte it onely into
twoo partes. Whereof the firfte is, when one number is
equalle vnto one other. And the feconde is, when one nomber is compared as equalle vnto. 2. other nombers.
　Alwaies willyng you to remēber, that you reduce
your nombers , to their leafte denominations , and
fmalleſte formes, befoze you pzocede any farther.
　And again, if your equation be foche, that the greateſte denomination Coßike, be ioined to any parte of a
compounde nomber , you fhall tourne it fo , that the
nomber of the greateſte figne alone, maie ftande as
equalle to the refte.
　And this is all that neadeth to be taughte , concernyng this woozke.
　Howbeit, foz eafie alteratiõ of equations. I will pzopounde a fewe erãples, bicaufe the ertraction of their
rootes, maie the moze aptly bee wzoughte. And to auoide the tedioufe repetition of thefe woozdes : is equalle to : I will fette as I doe often in woozke bfe, a
paire of parallees, oz Gemowe lines of one lengthe,
thus:=======, bicaufe noe. 2. thynges, can be moare
equalle. And now marke thefe nombers.

1. 　14.z̶.＋.15.ƒ̶======71.ƒ̶.

2. 　20.z̶.－.18.ƒ̶==.102.ƒ̶.

3. 　26.ʒ̶.＋10z̶====9.ʒ̶.－10z̶.＋213.ƒ̶.

4. 　19.z̶.＋192.ƒ̶==10ʒ̶.＋1089̶－19z̶

5. 　18.z̶.＋24.ƒ̶==8.ʒ̶.－2.z̶.

6. 　34ʒ̶.－12z̶.==40z̶.＋4809̶－9.ʒ̶.

1. 　In the firfte there appeareth. 2. nombers, that is
　　　　　　14.z̶.

等号第一次出现在印刷文献
上是在 1557 年罗伯特·雷
科德的书《砺智石》中。

代数学家把需要计算的数字像文字一样嵌
入句子中，用文字来表达想做的运算。例
如，"4 乘以 5 等于 20"。

运用线段

　古希腊数学家常用特殊长度的线段来
表达数字。除法的意义就是比较需要多少
段短线段方能拼凑出一条较长的线段。他
们也会画一些图形去求解问题，一个典型
的例子就是阿基米德利用多边形计算圆周
率 π（见第 72 页）。此时的数学家也开

乘法符号的引入归功于威廉·奥特瑞德，于1631年。

始添加一些符号，作为对已验证行之有效的运算方法的缩写。比如，埃及学者在两个数之间画上两条腿表示加法。

符号化的时代

加号"+"的最早运用可以追溯到1360年，是由法国人尼克拉·奥雷斯姆书写的。后人猜测这个符号是由拉丁文"et"

符号表		下表详尽罗列了大多数常用数学符号，并对它们的含义与用法进行了简短描述。	
+	加号	用于数的加法	1+1=2
−	减号	用于数的减法	2−1=1
×	乘号	用于数的乘法	2×3=6
÷	除号	用于数的除法	6÷2=3
a^b	幂	用于指数运算	$2^3=8$
$\sqrt{a}$	平方根	$\sqrt{a}\cdot\sqrt{a}=a$	$\sqrt{9}=\pm3$
$\sqrt[3]{a}$	立方根	$\sqrt[3]{a}\cdot\sqrt[3]{a}\cdot\sqrt[3]{a}=a$	$\sqrt[3]{8}=2$
=	等号	连接等式两边	5=2+3
≠	不等号	表示两侧的不等关系	5≠4
>	严格大于号	左侧的值严格大于右侧的值	5>4
<	严格小于号	左侧的值严格小于右侧的值	4<5
≥	大于等于号	左侧的值不小于右侧的值	5≥4
≤	小于等于号	左侧的值不大于右侧的值	4≤5
( )	圆括号	先计算括号内的表达式	2×(3+5)=16
.	小数点	十进制小数分隔符	2.56=2+56/100
%	百分号	1% = 1/100	10%×30=3
ppm	百万分之一	1ppm = 1/1 000 000	10ppm×30=0.0003
ppb	十亿分之一	1ppb = 1/1 000 000 000	$10ppb×30=3×10^{-7}$

除号

单词"obelus"是除法符号的别名，源自希腊文，意为"尖柱"或"棍棒"。后来因为修道士手写抄书，这个符号慢慢演变成了一把短剑或箭矢的样子。如果发现行文有错误，他们就会标记上一个除号。后来在数学上短剑符号被符号"÷"取代。

（"和"的意思）演化而来。减号"−"在一个多世纪之后的 1489 年出现在德国人约翰尼斯·威德曼的书中。等号"="则是在 1557 年出现在罗伯特·雷科德的《砺智石》一书中。乘法符号"×"是 1631 年由英国人威廉·奥特瑞德引入的。而乘号"×"是圣安德鲁十字架的形状——圣安德鲁是被钉死在这种形状的十字架上的——奥特瑞德选中这个形状可能出于宗教信仰的原因。不过，他也对不同数之间的比感兴趣，而符号"×"可能含有连接正方形中排列的不同数组的意味。最后，除号"÷"是于 1659 年由约翰·拉恩引进的，这个符号从一个能分割物体的短剑图案演化而来。

参见：
▶ 度量与单位，第 122 页

原理

BODMAS 是 Brackets（括号）、Order（power）（阶或幂）、Division（除法）和 Multiplication（乘法）、Addition（加法）和 Subtraction（减法）的首字母缩写。这个词可以帮助读者记住四则混合运算的运算顺序。

A) $5 + (3 \times 4)$

先算括号内的，再算加法：

$$= 5 + 12 = 17$$

B) $(1 + 4)^2 - 3$

先算括号内的，再做乘方运算，然后算减法：

$$= 5^2 - 3 = 25 - 3 = 22$$

C) $2^3 \div 4$

先做乘方运算，再算除法：

$$= 8 \div 4 = 2$$

D) $8^2 \div 4^2 + (7 - 6)$

先算括号内的，再做乘方运算，然后算除法，最后算加法：

$$= 8^2 \div 4^2 + 1$$
$$= 64 \div 16 + 1$$
$$= 4 + 1$$
$$= 5$$

向量和矩阵

"matrix"（矩阵）和 "vector"（向量）是活跃在影视剧中的两个炫酷词汇（其中有部分影片很酷），而它们均是数学专用词汇。一个矩阵其实就是由一些数排列成的阵列，从画图到运转全球搜索引擎都用到了矩阵。

矩阵和向量这两个词有许多种含义。向量就好像一个传播疾病的动物，例如蚊子就是疟疾的向量（有方向）。矩阵可以是某个复杂材料的内部结构，比如水晶体。但是，在数学上，它们都是指按某种方式排列的一组数字。

孕育子阵

"matrix"（矩阵）一词的复数形式是 "matrices"，这个单词的含义是"摇篮"或者"子宫"。它来源于拉丁文 "mater" 一词，意为"母亲"。数学上取矩阵这个概念，是因为它能"孕育"更小的子矩阵，即从矩阵中划出一个更小的阵列，构成一个新的、含有稍少些数字的矩阵。

系数矩阵

矩阵这个名词是 19 世纪 50 年代英国数学家詹姆斯·约瑟夫·西尔维斯特给出的，虽然其具体形式在更久远之前就已

2x3 矩阵

一个矩阵有确定的行数和列数。

3x2 矩阵

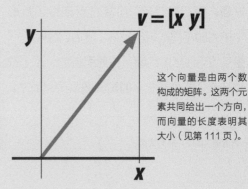

$$v = [x \ y]$$

这个向量是由两个数构成的矩阵。这两个元素共同给出一个方向，而向量的长度表明其大小（见第 111 页）。

矩阵运算

矩阵间可以像数一样做加法，运算的方法如下所示。但是，需要注意的是，只能对行数和列数都相同的矩阵进行加法或减法运算。对于矩阵间的乘法，左乘矩阵的列数必须等于右乘矩阵的行数，才能进行运算。

$$\begin{bmatrix} 0 & 1 & 3 \\ 9 & 8 & 7 \end{bmatrix} + \begin{bmatrix} 6 & 5 & 4 \\ 2 & 4 & 5 \end{bmatrix} = \begin{bmatrix} 0+6 & 1+5 & 3+4 \\ 9+2 & 8+4 & 7+5 \end{bmatrix} = \begin{bmatrix} 6 & 6 & 7 \\ 11 & 12 & 12 \end{bmatrix}$$

$$AB = \begin{bmatrix} a & b & c \\ p & q & r \\ u & v & w \end{bmatrix} \begin{bmatrix} x \\ y \\ z \end{bmatrix} = \begin{bmatrix} ax + by + cz \\ px + qy + rz \\ ux + vy + wz \end{bmatrix}$$

经存在了。关于矩阵最早的文献可见于大约中国古代的数学巨著《九章算术》。在 1545 年，虚数（见第 86 页：复数）的发明者吉罗拉莫·卡尔达诺把这个概念传入欧洲，以帮助求解方程组，即几个未知变元由两个或更多等式关联，构成联立方程组。他把方程组的各个系数抽取出来保持位置构成一个阵列——这就构成了一个矩阵！

联立方程组

下面是一个联立方程组。

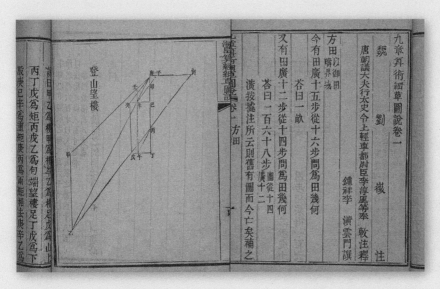

《九章算术》中的一页。此页的运算可以看作对矩阵运算的最早史料记载。

$$\begin{cases} x+5y=29 \\ 2x+y=13 \end{cases}$$

其中，x 和 y 为未知变量。我们要做的就是求出这两个变量的值。其他数都是系数。上面这个方程组的解容易得到，分别是 $x=4$ 和 $y=5$。卡尔达诺应该知道如何求解

吉罗拉莫·卡尔达诺在《伟大的艺术》一书中为现代数学引入了矩阵的概念。

速率和速度

速度和速率常常被人们混淆。下图行驶的车辆可能有相同的速率（比如 30 千米 / 小时），但是它们的速度是不同的。速率是一个标量，只有大小，没有方向性，而速度是一个向量，是有方向性的（见第 111 页）。因此，在下图的高速公路上，直道上行驶的车辆和弯道上行驶的车辆有不同的方向，进而有不同的速度。

这类简单的一元一次方程组，但是他更关注于多变元多方程构成的方程组的求解。

较简单的矩阵

卡尔达诺把方程组简化为一个矩阵方程。如本页前边的例子，可以写作

$$\begin{bmatrix} 1 & 5 \\ 2 & 1 \end{bmatrix} \begin{bmatrix} x \\ y \end{bmatrix} = \begin{bmatrix} 29 \\ 13 \end{bmatrix}$$

在原方程组的第一个等式中，变量 x 前面没有系数，因此我们认为它的系数为 1。由此得到上面的系数矩阵，进而得到上面的矩阵方程，得以把一些系数和变量统一在一个方程中处理。这个矩阵方程大致的意思是：相应系数乘以 x 和 y 分别等于 29 和 13。卡尔达诺等人找到了用矩阵求解方程组的方法，而且这种矩阵方程求解变元的方式适用于任意多个系数和变量的情形，并能求解比上例更为复杂的方程。

向量的意义

1×2 矩阵——1 行 2 列——被称为二维行向量。（列数可以增加为 3 列或更多。）"vector"（向量）一词意为"搬运"，简单地说，向量其实用于描述物体在空间中的运动轨迹，当然，向量也可以运用到几何学中，以及帮助理解复数。到 19 世纪，数学家开始借助矩阵形式表达向量，并利用卡尔达诺发明的矩阵方程解法去求解方程组。

大小与方向

在讨论向量之前，我们需要给出标量的概念。一个标量是一个值，没有方向，只有大小或量级，如一座公寓楼的楼高或一辆行驶中的汽车的车速——这些我们都

变换

一个矩阵其实就是数的一种排列形式。矩阵的引入起源于求解复杂方程组的探索，但是，自发明之后，矩阵被广泛应用于方方面面。比如，一个矩阵可以表示一个图形的所有顶点；还可以构造一个矩阵，保持图形的形状，但是改变图形的位置或者方向。

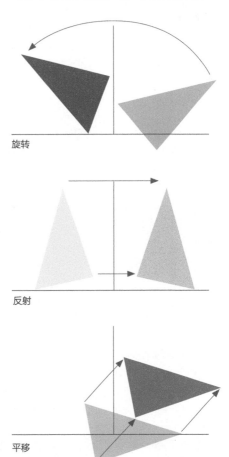

旋转

反射

平移

可以用数值来给出。而向量是矢量，除有大小之外，还有方向性。比如一个建筑具有地表以上的高度和地表以下的深度，而汽车的运动更是沿着某个方向进行的。一个向量的两个元素可以表示出方向。向量的意义不光是能描述运动，更是给出了矢量分析的一种方式。向量中的第一个元素表明一个物体往左或右移动的距离，而第二个元素表明它往上或下移动的距离。比如，向量（3,4）表明一个向右3个单位、向上4个单位的运动。向左或向下运动可以用负数表达。设想这两个元素若分别表

像素化

一幅印刷的图片或荧幕上的演出画面都是由无数的点或像素组成的。每一个像素都有一种颜色——可能只是简单的黑或白，或者成千上万种颜色中的某一种。一幅图片可以写成矩阵形式，把每行每列的像素用数字表达，每个数字代表一种具体的颜色。这样，图片就可以根据数字的色彩含义涂画出来。

2	2	2	2	2	2	2	2	2	5
2	3	3	3	3	3	3	3	2	5
2	3	1	3	3	3	1	3	2	5
2	3	1	3	3	3	1	3	2	5
2	3	3	3	3	3	3	3	2	5
2	3	3	2	2	2	3	3	2	5
2	3	3	4	2	4	3	3	2	5
2	2	4	4	4	4	4	3	2	5
2	2	4	4	4	4	4	2	2	5
5	3	2	2	2	2	2	3	3	5

1 黑色
2 棕色
3 橙色
4 粉色
5 蓝色

电影《黑客帝国》虚构了一个计算机中的世界。在现实生活中，矩阵被广泛应用于计算机的方方面面。

原理

让我们逐步计算以了解矩阵的乘法运算规则：左乘矩阵的列数必须与右乘矩阵的行数一致。前者每一行的所有元素依次与后者每一列的所有元素做乘法，得到的乘积相加，即为乘积矩阵中该行该列对应的数。

$$\begin{bmatrix} 1 & 9 & 10 \\ 4 & 8 & 6 \end{bmatrix} \times \begin{bmatrix} 2 & 7 \\ 3 & 7 \\ 5 & 5 \end{bmatrix} =$$

$$\begin{bmatrix} 1\times2+9\times3+10\times5 & 1\times7+9\times7+10\times5 \\ 4\times2+8\times3+6\times5 & 4\times7+8\times7+6\times5 \end{bmatrix} =$$

$$\begin{bmatrix} 2+27+50 & 7+63+50 \\ 8+24+30 & 28+56+30 \end{bmatrix} = \begin{bmatrix} 79 & 120 \\ 62 & 114 \end{bmatrix}$$

示一个直角三角形两条直角边的长度，用勾股定理，我们可以计算出它的弦长恰为 5（见第 36 页）。这个数值正是这个向量的大小，即模长。

现实与虚幻的世界

向量可以用于描述一个质点上的所有力的作用。通过拆分每个力作用的大小和方向，这些力的作用的向量可以进行叠加，合成一个向量，以体现这个质点的实际运动轨迹。现实世界的向量一般用 3 个元素来表现三维方向，按照这个思路，数学家用向量去探索四维、五维甚至更高维的虚拟空间，其中最为成功的范例之一是谷歌搜索引擎。这个引擎为每一个网页设置一个对应的几十个数组成的矩阵。根据网页内容，矩阵中的每一个数值把网页"拉向"某一个方向。每一个搜索需求也对应一个矩阵，且当分析处理这两个矩阵后，可以得到一个数值来表明获得的页面与之前的搜索需求契合的程度。

参见：
▶ 勾股定理和勾股数，第 36 页
▶ 取模运算，第 142 页

计算器

现在的人们总是习惯于在计算器键盘上敲几下就获得答案，而不再尝试那些磨人的计算；只要我们知道如何求解问题，代数计算就都留给了计算器。计算器其实发明已久，在这一节我们将从一位帮助父亲解决难题的法国青年谈起。

计算机是何时发明的呢？它与计算器有何关联？下面为你一一介绍。早期有一种依靠发条装置运转的计算器——我们稍后再来了解它，而现在遍及我们生活方方面面的电子计算机是在 20 世纪 40 年代组装起来的。但其实第一批计算机出现得远早于此。"computer"（计算机）一词产生于 1613 年，远远早于电子计算机或发条带动的机械计算器，这些计算机的出现是为了应对计算难度和强度的增加。而第一批"计算机"应该是人类计算员，后续的计算机只是按照人类手写的或算盘给出的方法进行更加复杂的代数计算。

帕斯卡计算器

17 世纪 40 年代，有一个叫布莱兹·帕斯卡的法国年轻人，开始协助自己

帕斯卡计算器可以处理六位数运算，只要旋转顶端的金属轮就能输入数据。

帕斯卡三角（杨辉三角）

布莱兹·帕斯卡另一项杰出的成就是帕斯卡三角。这个三角中，每个数是它上方两个数之和。（如果上方缺一个数，则看作这个位置的数为 0。）帕斯卡用这个三角求解复杂的方程，不过这个三角的妙处不仅限于此。左腰往里第二斜列上的数（图中黄色块）恰为所有的自然数（不包括 0），第三斜列（图中蓝色块）恰为三角形数，即摆出二维三角形所需的点数。另外，每行所有数之和恰为 2 的幂：1，2，4，8，16，等等。

帕斯卡三角并不是由帕斯卡发明的，它源于约公元前 200 年的印度。

帕斯卡三角的前 5 行恰为 11 的方幂，如 $11^0=1$，$11^1=11$，$11^2=121$，等等。

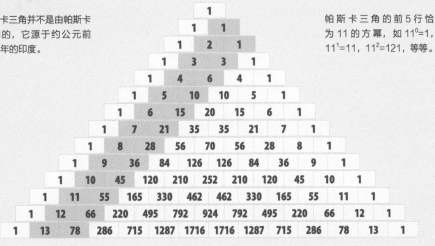

在法国北部城市税务部门当计算员的父亲。虽然还是一个十几岁的年轻小伙，帕斯卡却致力于发明一台可以快速运算的机器。他最终制造了一台机械计算器，即广为流传的帕斯卡计算器。第一台是 1642 年制成的，之后帕斯卡对其进行了多次修改完善，经历 50 多种版本的改进后，1645 年得到了自己满意的计算器，而那时，他只有 22 岁！总共有 20 多台帕斯卡计算器面世，其中有 9 台流传至今。至此，税务人员、会计师和学生开始使用计算器和数据表，而第一批收银机也在类似系统的基础上被发明了出来。

计算器的用户界面

帕斯卡计算器可以用于加法和减法运

如左图这样的算桌在中世纪的欧洲是常见的数学工具。下图中商人正是在用算桌计算货物价格。

算。乘法运算则需要做多次加法运算来实现。通过旋转顶部的金属轮，数字被输入计算器。它们依靠发条齿轮与绘有数字的轮子连接。被选中的数字会从机器顶端运行的小窗口中显露出来，每个窗口一个数字，对应一个数位的取值：个、十、百，等等。第一个数成功存入后，人们可以旋转轮子加入第二个数，窗口中就会显示出两个数之和。一个开关系统能把计算器转化为减法机器。而机器内置的发条装置可以把数字从一列移到另一列。帕斯卡为几台计算器设置了不同的进位制，有十进制的，有六进制的，也有十二进制和二十进制的。这样便于处理旧的法国货币系统（因为它不用十进制），也便于用旧的测量系统计算距离和面积。

新型计算器

许多数学家和工程师都致力于改进帕斯卡计算器。1671 年，戈特弗里德·莱布尼茨（见第 130 页）制造了一个能直接计算乘法的机器。但是，所有这些计算器都不结实且价格昂贵。工业革命时期，经历了数次制造技术的革新，机械计算器才慢慢发展成为结实耐用又价格适中的产品，受大众欢迎，而不只是为数很少几位专家的独享。最早普及开的是名为 Arithmometre 的四则计算器，1820 年发明于法国。

旧的系统

在四则计算器发明之前，计算员和数学家们只能用传统的方法计算。他们绝大多数时间运用算盘或算桌帮忙计算，这两者结构设计有所不同，但工作原理是一致的。算盘是最古老、使用年限最久远的计算工具之一。现代的算盘上有算珠，能在短棍上上下移动（见第 21 页）。还有另外一种，算珠只是摆放在地上，或者放在标有纵列的特制桌子上。用算盘或算桌进行加法或减法运算相对于笔算容易很多，也便于计算大数的加减，甚至一些专家可以用它们做乘除和开方运算。算盘一直沿用至今，即使与电子计算器相比，一些顶级的珠算家亦能更快获得答案！

新的环球纽带

生活在美洲中部的前人，如奥尔梅克人、玛雅人和阿兹特克人，自创了一种称为 nepohualtzintzin 的计算器，这个名字的意思是"智慧的计数器"。这个计数器实行二十进制，是用晒干的玉米粒串在绳上或细棍上制成的。现代人称这个机器为 Aztec 计算器，它为最早的美洲文明——奥尔梅克文明，可能来自 3500 年前的中国移民一说提供了部分佐证。

一个新思路

帕斯卡和莱布尼茨都因为计算器制造之外的杰出贡献为世人敬仰。帕斯卡观测了空气气压，并证明即使是空气也是有质量的。他还和同胞皮埃尔·德·费马最早建立了概率理论。莱布尼茨是微积分理论

第一位程序员

阿达·金，勒芙蕾丝伯爵夫人——更多人称她为阿达·勒芙蕾丝——是英国诗人和冒险家拜伦的女儿。阿达的母亲教导她科学与数学，希望她不要遗传拜伦家族的性格。这种教育最终奏效了，阿达成了史上第一位计算机程序员。在 19 世纪 40 年代，她为机械计算器设计程序和拟定算法，这项工作遥遥领先于同时代思想一个世纪之久。

1979 年，一款美国军用计算机编程语言被命名为 Ada，以纪念阿达·勒芙蕾丝。

的创始人之一，微积分是研究持续变换现象的一种数学方法。另一个创新者把机械计算器发展成我们现在意义上的计算机，这个人是英国数学家查尔斯·巴贝奇，他设计了史上最复杂的机械装置。

可编程的机器

计算机由强大的计算器演变而来，而现代计算机已远远不再只是一个计数器。计算机是在运行一种算法或一长串数学命令。这可以理解为一个程序，而且计算机运行的方式是建立在数学理论基础上的（见第 172 页：信息论）。然而，第一台可程序化的机器不是算术机器，而是一台编织机，它于 19 世纪早期由法国人约瑟夫·贾卡发明。机械编织机在那个时候其实已经存在，其纺织速度比手工操作快捷，但是没有记忆不同色彩纱线编织的图案纹路的功能。贾卡发明了一种方法，把

差分机大概有 25 000 个活动配件，能计算 16 字节的数字。

IBM 的诞生

1880 年的美国人口普查为政府提出了一个难题：处理完所有的人口数据需要大概 10 年的时间。而下一次，即 1890 年的数据，处理完会需要更长的时间。于是，美国政府购买了赫尔曼·何乐礼博士发明的制表机，这是一种电动计数机器，利用穿孔卡片程序设计。有了制表机，原来预计 10 年完成的工作 6 周就结束了！多年之后，何乐礼的公司发展成了现在家喻户晓的 IBM 公司。

制表机由一块巨大的电池驱动（图中右下角）。人口普查数据通过一张穿孔卡片输入机器中，然后拉动杠杆，一张包含计算结果的新穿孔卡片就制作好了。

图案编译成卡片上的一组孔，这些孔生成的图案能够被机器解读出来。（直到 20 世纪 50 年代，这种穿孔卡片仍被用作计算机编程的一种工具。）贾卡的编织机其实还不能算作一台计算机，但是，它确实激发了查尔斯·巴贝奇去研发一台可编程的计算机。

差分机

1822 年，巴贝奇研制出一台计算机雏形，用以测验一台更为强大的机器的机械性能，后者被巴贝奇称为差分机。这台机器由一大堆发动机齿轮带动处理数学数据。但是，巴贝奇无法负担制造整台机器所需的精确加工部件的费用。（1992 年，一台完整的差分机在伦敦科学博物馆制造完成。）

分析机

差分机是手动操作的，使用者转动机器侧边的手柄启动机器进行计算。19 世纪 40 年代，巴贝奇发明了一台更为复杂的机器，起名为分析机——机器由一台蒸汽发动机带动！分析机是另一种数学运算机器，但它被认为是第一台真正意义上的计算机，因为它既能编程，也有记忆功能。然而，巴贝奇再一次因无法负担制造整台机器的费用，只做了个演示样机，遗留至今。虽然没有成型，但是许多人至此意识到了巴贝奇发明的重要性，其中之一是阿达·勒芙蕾丝，英国诗人拜伦的女儿。19世纪40年代，巴贝奇发明分析机后，阿达开始协助巴贝奇的工作。巴贝奇倾心于分析机的设计，以及筹集资金制造真机，而阿达·勒芙蕾丝此时可能先于巴贝奇本

早期的现代化计算器是手动操作的。

人类计算员

历史上有不少"白痴天才"的故事，他们普遍智能低下，却有着非凡的技能，如能进行不可思议的复杂心算。其中一位为人们熟知的天才叫杰迪戴亚·巴克斯顿，他生活在18世纪的英国。据说巴克斯顿不会读写，知识面也很窄。他没有上过正规的数学课，但是他能把看见的任何事物都数字化。他去为一个地主丈量田地面积，不用任何工具而光靠在田地中行走就得到了以平方英寸为单位的结果。他还能把田地分割成毛发宽度（1英寸的1/48，1英寸=2.54厘米）。巴克斯顿能处理数百位的数字，并且他还自己发明了一些数字，如"tribe"（部落）表示100万的立方，即10^{18}，以及"cramp"（抽筋）表示1000个"tribes of tribes"，即10^{39}。

人，已经发现分析机的所有潜在优势。她指出，巴贝奇发明的机器以及后续出现的类似机器，都能够计算伯努利数。伯努利数在数学上极其重要，却难于算出。因为巴贝奇的机器并没有真正制造出来，所以阿达·勒芙蕾丝的说法并没有得到检验。但是，她的相关技术，在一篇标题为《笔记》的文稿中简单标记为"G"，这个注释 G 现在被看作历史上第一套计算机程序。而她这篇简短笔记的重要性直到 1953 年公布后才被世人认可，此时距她去世已经过去了一个世纪之久。

一个算法或数学运算控制运行。机器一次能读懂一部分算法，然后按这部分算法的要求处理数据。这其实是对数字计算

今时今日，计算器只是计算机、平板电脑或智能手机上的一个应用程序。

真正的计算机

到了 20 世纪 50 年代，计算机革命如火如荼。再早 20 年，英国数学家艾伦·图灵曾经描述过一台能解决一系列数学问题的虚拟机器。这台"图灵机"由

机的最初描述，但是因为它需要无限存储功能，当时的人们无法制造这样的一台机器。到了 20 世纪 40 年代，美国数学家约翰·冯·诺依曼发明了一套电子开关系统，运行起来类似于图灵机：第一台数字计算机终于诞生了！

早期计算机式的计算器的记忆功能不强，但是能把计算结果打印在纸上输出。

参见：
▶ 二进制与其他进制，第 130 页
▶ 信息论，第 172 页

度量与单位

测量其实就是把一个对象的特性数字化——然后数学才能粉墨登场。测量使得人们可以比较不同的事物。而在做这些之前，人们首先需要统一单位。

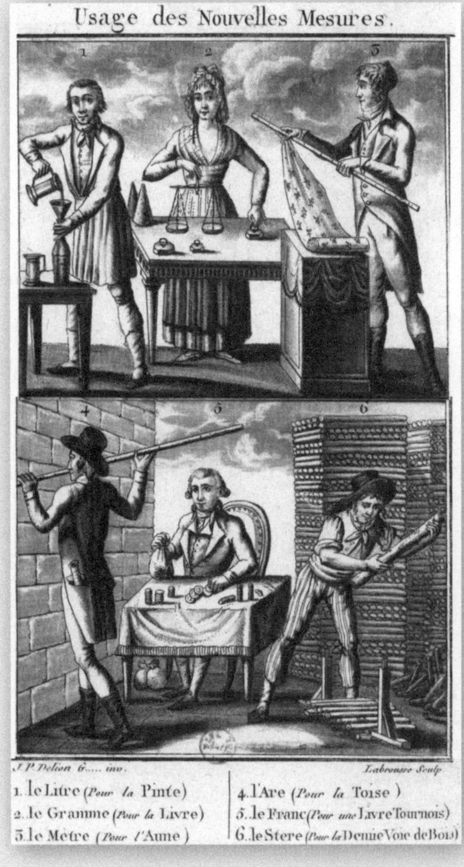

Usage des Nouvelles Mesures.

J.P.Pelion &.....inv.   Labrouse Sculp.

1. le Litre (Pour la Pinte)   4. l'Are (Pour la Toise)
2. le Gramme (Pour la Livre)   5. le Franc (Pour une Livre Tournois)
3. le Metre (Pour l'Aune)   6. le Stere (Pour la Demie Voie de Bois)

日常生活中人们遇到很多的问题：现在的位置距离一家商店有多远？一次远足需要带多少水？这个包裹有多重？答案都很容易得到——人们只要去测量相应的距离、体积和质量即可。测量出来的数值就是问题的答案。商店在 0.5 英里（0.8 千米）之外——于是可以步行到达。瓶子能容纳 1 升的液体——估计这么多水足够旅行。包裹差不多两块石头那么重——这就需要花费昂贵的运费。但是，也许你已经意识到，并不是所有这些计量单位你都理解：何为 1 英里，多少水达到 1 升的量，以及一块石头到底有多重呢？

单位制

只有统一了单位制，测量才有用。当今世界有两种单位制并存：一种是美国的英制单位制，这是从几个世纪前的罗马沿袭下来的；另一种是国际单位制，现在几

19 世纪初，新的国际单位制由一本小册子引入法国。

国际单位制

所有现代测量都基于 7 个基本单位（如右表所示）。它们被称为 SI 单位，为 "Système Internationale"（国际单位制）一词的缩写。所有其他单位都是由这 7 个单位导出的。例如，1 英寸等于 0.0254 米。下面列出了科技工作中常使用的其他专用单位，它们都是由国际单位制的基本单位组合导出的。

量的名称	单位名称	单位符号
质量	千克	kg
长度	米	m
热力学温度	开尔文	K
时间	秒	s
物质的量	摩尔	mol
电流	安培	A
发光强度	坎德拉	cd

量的名称	单位名称	单位符号	其他表示式例
力，重力	牛顿	N	$kg \cdot m/s^{-2}$
压强，应力	帕斯卡	Pa	N/m^2
能量，功，热	焦耳	J	$N \cdot m$
功率，辐射通量	瓦特	W	J/s
电荷量	库仑	C	$A \cdot s$
电位，电压，电动势	伏特	V	W/A
电阻	欧姆	Ω	V/A
电感	亨利	H	Wb/A

乎在其他所有地方或多或少地被使用，国际单位制是 17 世纪和 18 世纪在欧洲发展起来的。

设定标准

两种体系有各自的长度单位、质量单位和体积单位，而且都精细定义以保证测量结果与测量场所无关。现代单位运用了最先进的标准化技术，但是在这之前，人们是如何标准化的呢？

利用身体部位

测量基本上就是比较事物的尺寸或量级。一位史前人类可能通过与他或她的手的宽度相比较来丈量一根棍子或一个骨头工具，然后他们可以用这根棍子去测量动物的长度或树干的高度。这种方式近乎完美，直到有人用他们的手来测量东西，得到不同的答案，人们才开始意识到统一单位的重要性。我们已知的最早的测量体系来自古埃及、美索不达米亚和印度河流域（在现在

施塔迪翁
古希腊人测量长度的单位，为运动跑道的长度。1 施塔迪翁相当于 600 希腊英尺长。

英寸
在英格兰和威尔士，1 英寸规定为 3 颗首尾相接的大麦粒的长度。

码
据说英格兰的亨利一世国王钦定他的手臂长度为 1 码。

英里
1 罗马英里是 5000 罗马英尺，和士兵行军时 1000 步（左右脚各跨一步为 1 步）所走过的距离相等。

的印度北部和巴基斯坦），这种体系建立在身体部位的基础上，如人的手、手指、手臂和脚。后来，统治者们设定了一个标准单位，以保证田地的丈量更为精准和公平。

腕尺

最有名的例子是埃及的腕尺，1 腕尺表示从中指的顶端到手肘之间的距离，这大概是 7 个掌尺的宽度，即 7 个手掌的宽度。每个掌尺又分为 4 个指尺，即 4 个手指头（不算大拇指）的宽度。也就是说，1 腕尺等于 28 个手指头的宽度。事实上，手指、手掌和手臂都只能做非常粗略的测量，而埃及法老的官员们用一种石质或木质的小棍来丈量，其长度恰好与当权者中指的顶端到手肘之间的距离一致，此即为标准的 1 腕尺。

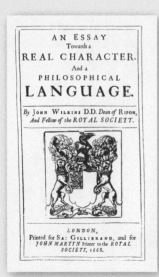

约翰·威尔金斯在其巨著《关于真实符号和哲学语言的论文》中最早提议计量体系应运用十进制换算。

单位换算

利用下表中的比率关系，人们通过简单的计算就能进行单位间的换算。

长度单位	比率	换算为
毫米	0.04	英寸
厘米	0.39	英寸
米	3.28	英尺
米	1.09	码
千米	0.62	英里
英寸	25.4	毫米
英寸	2.54	厘米
英尺	0.31	米
码	0.91	米
英里	1.61	千米

质量单位	比率	换算为
克	0.035	盎司
千克	2.20	磅
吨 (1000 千克)	1.10	短吨
盎司	28.35	克
磅	0.45	千克
短吨 (2000磅)	0.91	吨

英尺与英寸

多个世纪之后，古希腊人和古罗马人仍然沿用古埃及人发明的腕尺，但他们更常用的是一个更小的单位——英尺。1 英尺大概是 4 个手掌的宽度，亦即 16 个手指的宽度。古罗马人把 1 英尺再细分为 12 份，1 份称为 1 古罗马英寸（"uncia"，见第 28 页），之后这个词慢慢转变为英文中的 "inch"（英寸）。英尺、英寸和之后的英里（见第 124 页）这些长度单位由罗马传遍欧洲。罗马帝国陨落之后，这些长度单位仍继续被沿用，但是，人们也开始使用一些新的度量单位。经常同一个国家的人会同时使用几种不同的单位，直至后来一些单位之间根本无法换算，而带来诸多不便。比如，最早来到北美的欧洲殖民者习惯使用旧的英国度量单位。但 1824 年，英国自己重新定义了这些单位，得到新的帝国单位制度，而美国仍然继续沿用旧制。1668 年，一位英国主教约翰·威尔金斯提出一种通用的计量体系，以供各国使用，因其单位间的换算基于十进制系统而易于被人理解并接受。

新体系的产生

威尔金斯的想法最终演化成现代的度量体系。法国于 1799 年最先接纳了这种新的度量体系，这发生在推翻君主制的法国大革命之后数年。新成立的法国政府苦

18 世纪 90 年代，人们对通过巴黎的地球子午线上从法国敦刻尔克一处高塔至巴塞罗那另一高塔（现属西班牙）之间的距离进行了测量，并用这个结果计算整条子午线的全长，即为4000 万米。

地球的形状

在利用地球子午线长度定义米这个单位之前，科学家们已经对地球的形状有了大致的估计。法国科学家认为地球的自转使得其在两极隆起，像一个柠檬。英国科学家认为地球应该更像一个橘子，是在赤道一圈上凸起。直到 18 世纪 30 年代，研究人员测量了赤道圈以及北极附近地面曲线的长度后，人们才得以确定地球是在赤道处略鼓的不规则球体。

勘测员无惧拉普兰德的寒冷，坚持工作，考察地球的形状。

于难以稳定社会秩序，而其中最大的问题之一是因度量单位不统一引发的混乱。质量单位的不统一使得商人能够偷斤少两欺骗顾客，因此最容易引发社会矛盾。

磅和盎司

正如长度单位最早基于手掌和手臂的长度，而质量单位最早来源于食物的质量，主要是一些种子的质量，如小麦、大麦和角豆。贵金属和珠宝可以用一些种子来衡量质量。为此，我们仍然使用克拉这个单位去量度这些东西，而 1 克拉最初即表示 1 颗角豆种子的质量。罗马人规定 1 金衡盎司等于 144 克拉，1 磅（libra）等于 12 金衡盎司。"libra"这个词后来被翻译成德语和英语为"pound"，翻译成法语为"livre"（里弗）。这样，多种版本的"磅"单位用于称量硬币、食物和矿物质。而国际单位制需统一一个单位来称量出所有这些东西的质量。

关于长度单位米

国际单位制中，长度单位是米。1 米定义为通过巴黎的地球子午线上一小段的长度。设定之后，地球大圆圆周上的这

根据国际单位制，1千克水
恰好装满一个1升的容器。

一段劣弧就被用于测量子午线长，即为4000万米。另外，1米又可以转换成100厘米或1000毫米。长距离可以用1000

个1米的长度来描述。1000个1米后来称为1千米。公亩是一种常见非法定计量单位，它表示100平方米。目前，人们更倾向于使用公顷作为单位（10公亩）。

容积与质量

国际单位制中，容积的标准单位是升。升也是用米来定义的。1升相当于1000立方厘米，即等于每个边长都是10厘米的立方块的体积。质量的单位是克，也是用米定义的。1克相当于1毫升纯净水的质量。因此，1升纯净水重1000克，即1千克。

节

船速是用节作为单位的。1节等于1海里每小时，而1海里的量值基于地球子午线的弧长。将地球子午线一圈等分成360度，每度再细分成60分，1分弧的长度为1海里。因此，如果沿着赤道以1节的速度航行（假设地球整个被海洋覆盖），走完全程将需要900天。

"节"一词来源于测算船速的一种古老方法。把一块测程仪（如左图）投入水中，板上系着一根长绳，等距离打着结，一头拴在船尾。当船航行时，绳子会因阻力而部分漂上海面，船速越快，漂上海面的部分就越长。水手根据露出水面的绳结的数量来测算航速。

时间由一台原子钟来度量，通过检测铯原子的跃迁频率控制钟的走动。

现代标准度量单位

直到20世纪60年代，表征米的量值的基准器——一根铂杆才被制造出来并存放于巴黎。（还有一个表征千克的量值的原器最早用铂铱合金制成，由于使用过程中的磨损，它的质量正慢慢地减少，基本单位的准确性受到影响，误差越来越大。目前新的原器是一个纯硅的近似球体。）从20世纪60年代开始，计量学家——关注测量问题的科学家——开始着手于用光来定义米的量值。最新的1米定义为1/299 792 458秒的时间间隔内光在真空中的行程。啊，等一下！秒同样是国际单位制中的一个基本度量单位。

时间单位

人类文明开始之初，人们就利用天体运动规律计时。一个月大概就是两次满月之间的时间，而一年就是地球绕太阳一周所需要的时间。然而，古人还不知晓这些，他们通过观察星星的位置计时。比如，古埃及人将每年夏天天狼星在日出前出现的那天定为元旦日（恰巧略早于一年一度尼罗河的汛期）。最易理解的时间单位是日，即两次日出的时间间隔。古埃及人将白天分为10小时，再加上黎明和黄昏各1小时，就得到我们现在惯用的12小时。埃及处于热带地区，白天和夜晚时长基本相同，因此，他们将夜晚也均分成12小时。而1小时分为60分钟的想法得益于巴比伦人（见第18页），之后，人们又把1分钟分为60秒，把1秒继续60等分，然后再60等分。今时今日，秒已经是国际单位制中的基本时间单位，并以十进制来细分小数点以下的时间。目前，秒的量值用极低温度下铯原子的活性来定义。原子每隔一段时间吸收与释放能量，而铯原子基态的两个超精细结构能级之间跃迁相对应辐射的9 192 631 770倍所持续的时间定义为1秒。

参见：
▶ 数字系统，第16页
▶ 乘方，第76页
▶ 取模运算，第142页

二进制与
其他进制

我们不能改变用于计数和计算的数值，但却可以改变其书写的形式。要达到这个目的，只要改变之前使用的进制或者单位就好。除了常用的十进制，二进制亦已成为强大的数学工具。

正如我们在数字发展史中所看到的那样，早期文明尝试运用各种不同的基数计数（见第 16 页：数字系统）。巴比伦人使用六十进制，玛雅人使用二十进制，而澳大利亚的原住民使用的是五进制。

十进制

直至 16 世纪，十进制已经在数学界占主导地位数个世纪，而其他基数亦仍在日常生活中用于计数或测量，因此，倡导统一使用十进制的运动开始了（见第 92 页：十进制小数）。最后，大家一致认可用十进制计数是最好的选择，进而它几乎在全球被接纳使用。但即便如此，在一些使用美式英制单位制的国家，如缅甸、利比里亚和美国，依然需要用到其他的进制来计数。比如，12 英寸进阶 1 英尺，8 品脱进阶 1 加仑，16 常衡盎司进阶 1 磅（见第

现代二进制理论由德国数学家戈特弗里德·莱布尼茨于 1679 年发明。

122 页：度量与单位）。不同基数位值制在计数时引发的差异，尤其是二进制，激发了数学家们的兴趣。目前，因在计算机编程中的广泛应用，二进制已被人们广为运用，这个从古代就开始被人们探究的对象，已成为现代生活中不可或缺的一部分。

第 34 页）。相对而言，五进制较为容易理解。五进制的基数是 5，有 0、1、2、3 和 4 这 5 个基本数码。在五进制中，没有 5 这个数码，而是写作 10。为了便于区别，我们把基数写在数字右下角，则"十进制中的 5 即为五进制中的 10"，可以清晰地表示为 $5_{10}=10_5$。

何为基数

这里我们先回忆一下何为基数。十进制数是以 10 为基数的数字系统，由 0、1、2、3、4、5、6、7、8、9 十个基本数码组成。二十进制则有 20 个基本数码，即从 0 到 19 这 20 个数。因为我们的数字系统里没有大于 9 的字符，所以，基数大于 10 的进位制，我们是难以直观感受的。但是，玛雅人却神奇地使用了二十进制（见

位值变化

用不同的进制表达一个数，基数变化了，但是，位值制的原则是没有改变的，只是各个位置上的数值发生了改变。当用十进制表示数字 10 时，我们写作 10_{10}，意为这个数含 0 个 1 和 1 个 10。而 10_5 表示这个数含 0 个 1 和 1 个 5。（读者可以在本书第 17 页找到关于五进制计数的更多例子。）

位值　　　无论基数为何，位值制的计数思想都是一致的。唯一的区别是，各个位置对应的特定数码不同，是基数的逐次乘方。下面的表格展示了二进制前七位各自对应的数码，以及十进制前七位的数码。

64	32	16	8	4	2	1
2^6	2^5	2^4	2^3	2^2	2^1	2^0
2 x 32	2 x 16	2 x 8	2 x 4	2 x 2	2 x 1	1

1 000 000	100 000	10 000	1000	100	10	1
10^6	10^5	10^4	10^3	10^2	10^1	10^0

以10为基数	以2为基数
0	0
1	1
2	10
3	11
4	100
5	101
6	110
7	111
8	1000
9	1001
10	1010
11	1011
12	1100
13	1101
14	1110
15	1111

左图展示了 0 至 15 这 16 个数分别在十进制和二进制下的书写形式。注意，二进制下，我们需要 4 位数字去书写大于 7、小于等于 15 的数。

简单的基数

0 能作为基数吗？对于 0 是不是自然数历来有两种看法，有的数学家认为是，而有的反对，但是，即便有着分歧，他们都一致认为 0 表示没有值。试想，我们能用 0 去数数吗？不，当然不行。紧接着，1 能作为基数吗？同样遭到了数学家的否决。1 这个数极为特殊。设想以 1 为基数，则基本数码只能用一个数，即为 1，而 0 不再是基本数码。这样，我们的数将是 1、11、111、1111，等等，这些看起来不像在计数，而更像古时候的数字记号。能一个一个数清楚的任何事物都能用这种方式表达出来，因此，3 个点（⋯）可以用 3 个 1 表示，即 111。在十进制中，这个数字我们简单写作"3"。

两个基本数码

以 1 为基数貌似是最简单可行的，1 也是算术中的基本单位，但是，一进制却在计数中无甚意义。接下来是二进制。二进制有两个基本数码 0 和 1，因此，前 3 个非零自然数分别可以写作 1_2、10_2 和 11_2（下角标上的 2 表示二进制计数）。设想一下，我们像个孩童数数，那么，使用二进制计数是不是很简单？此时需要书写的字符只有两个，即 0 和 1。但是，接下来书写更大的数字时，二进制显得较为笨拙。单手计数数到 5_{10} 时，我们不得不用三位数 101_2

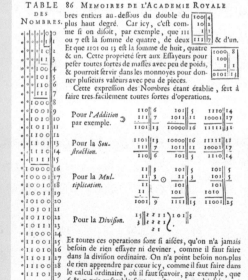

戈特弗里德·莱布尼茨于 1679 年所著图书的页边空白处列举了几个数在十进制和二进制下不同的书写形式。莱布尼茨发明了二进制计数方法，此方法一直沿用至今。

来表示。足球场上的球员人数（22 人）得用五位数 10110 表达。加上 3 位裁判，就得用 11001 表达。由此可见，用二进制数数，很不直观方便。那么，数学家们为什么要"自寻烦恼"地发明并使用二进制呢？

双重差异

二进制在逻辑运算中颇为有效。两个基本数码 0 和 1 在逻辑上可以代表"是"与"否"，或计算机程序中的"真"与"假"。然而，二进制表达上的这些优越性，在 1605 年（计算机时代来临数百年前）就已经被弗朗西斯·培根发现。这位英国律师兼英国君主的顾问最为人所知的，是他提出的科学研究应该使用以观察和实验为基础的归纳法。这种"培根式归纳法"在他去世几十年后引发了一场科技革命，如艾萨克·牛顿、罗伯特·波义耳和布莱兹·帕斯卡等人都相继以之做出重要工作。另外，培根还提出了一种用 5 个二进制字符组成的字符串为 26 个字母设置代码的想法。（英文字母共有 26 个，5 个字符的全排列有 2^5 个，即 32 个。）培根的天赋异禀令他洞察到这些二进制代码无须像普通单词那样被写下来传送。这些密文可以用任何字符来加密，可以不加过多的"雕饰"，几乎以"素面"的形式传送。用培根的话来

《易经》

戈特弗里德·莱布尼茨对东方文明的着迷，引发他阅读公元前 1000 多年前的中华文化瑰宝《易经》。这本书利用分析一些被称为卦的符号串来占卜吉凶、预测未来。八卦位于阴阳符号周边，由 3 行线段构成，而下图中的六十四卦由 6 行线段组成。一条完整的长线段表示阳爻，中间分开的两条短线段表示阴爻，它们分别描述世界的两种不同特性。莱布尼茨从八卦中看到了更多的内容——二进制。于是，八卦图中的六十四别卦对应 2^6（即 64）个二进制数值。

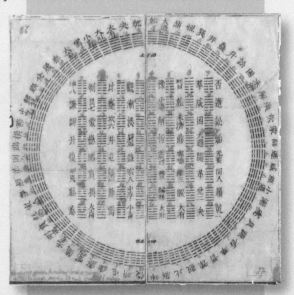

《易经》中的八卦图。

说，就是可以用"专门设定的双重含义的符号加密，比如使用门铃、小号、电灯和火把这些图像符号，或者用关于毛瑟枪的报告文章，和任何类似的乐器方面的文献"。令人不解的是，培根并没有运用1和0来编码，而是用A和B替代——"A"的代码是AAAAA。这样，字符A可能以5只小号的形式传送出去，类似地，代码BBBBB可能是5个其他符号构成的符号串。

三代码密码

除以上提及的，塞缪尔·莫尔斯发明的莫尔斯电码也依据的是类似的想法。莫尔斯电码通过有线电信号传送信息。但是，它并不是用"双重含义"符号，而是3种代码：点、划，以及点和划之间的停顿。因此，莫尔斯电码运用的是三进制。

二进制的表示

庆幸的是，培根利用A和B为代码的二进制系统并没有流行起来。而现代使用的二进制表示法的发明者是另一位科学大家戈特弗里德·莱布尼茨。莱布尼茨是德国的一名外交官、发明家和全能的天才，最为人熟知的是他是微积分理论的创立者之一。1679年，他在其论文《二进算术》中引入用0和1作为代码表达二进制数的思想。他也提出用基数的幂来表示数的想

乔治·布尔（见第 137 页）把二进制中的数理思想运用于逻辑演算，将逻辑命题的思考过程转化为对符号"0""1"的某种代数演算，进而操控计算机的运算。

法。虽然读二进制数费力些，但它们基本的表示方式，如莱布尼茨描述的，与十进制数没有什么大的区别。读数时从右往左读，比如十进制数31，第一位是个位上的1，第二位是十位上的3。如果更大的数，继续往左数，就是百位、千位，等等。正如我们在之前的章节中讲到的（见第76 页：乘方），十进制数"逢十进一"。十进制数，个位上是位值 10^0 的倍数，十位上是位值 10^1 的倍数，百位上是位值 10^2 的倍数，千位上是位值 10^3 的倍数。二进制数的表示只是把基数 10 换成了基数 2。表示时也是从个位开始，位值为 2^0，当然，此时只有 1 一个位值。往左下一位的

位值是 2^1。2^1 在十进制下表示为 2，但在二进制下表示为 10。再往左第三位的位值是 2^2，即 4；第四位的位值是 2^3，即 8；第五位的位值是 2^4，即 16。（更详尽的内容可参见第 131 页下方的注释框。）于是，十进制数 31_{10} 的二进制表达是 11111_2。

二进制转换

把一个二进制数转换为十进制数，只需要把每个数位上的数乘以相应的位值，然后把所得的积做和。二进制中，最右边第一位的位值是 2^0，往左数，下一位的位值是 2^1，再下一位的位值是 2^2，按照位置往左，2 的幂逐次增加。比如，二进制数 1010101_2 就等于 $1\times2^0+0\times2^1+1\times2^2+0\times2^3+1\times2^4+0\times2^5+1\times2^6=1+0+4+0+16+0+64=85_{10}$。

（见第 137 页，读者可以试试更多的转换例子。）把十进制数转换为二进制数稍难些。我们需要把十进制数不断除以 2 直到最后只剩下 1。比如，50_{10} 就等于 110010_2。这是因为，50 除以 2 得 25 余为 0，25 除以 2 得 12 余为 1，12 除以 2 得 6 余为 0，6 除以 2 得 3 余为 0，3 除以 2 得 1 余为 1，1 除以 2 得 0 余为 1。所以，$50=0\times2^0+1\times2^1+0\times2^2+0\times2^3+1\times2^4+1\times2^5$。各个位值前面的乘数即为相应位置上的数码，于是，$50_{10}$ 转化为二进制数即为 110010_2。

二进制数的加法

人们可以像处理十进制数那样做二进制数的加法。把两个数上下对齐排列，然

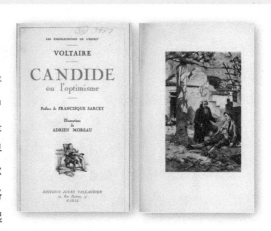

世界皆美好

法国作家伏尔泰在他 1759 年所著的哲理性短篇讽刺小说《老实人》中取笑莱布尼茨。莱布尼茨曾说自己是一位乐观主义者，他认为我们的世界本质上一切都是美好的。于是，伏尔泰在故事中创造了一个人物，叫潘格洛斯博士，他与老实人（主角）一起旅游，经历了一系列的灾难，如地震。然而，潘格洛斯总是乐观面对，直到他被祭司吊死在绞刑架上，以防止地震再次发生！

十六进制

除了十进制与二进制，目前人们最常用的是十六进制。它有 16 个基本数码：从 0 到 9 这 10 个数字和从 A 到 F 这 6 个字母。十六进制下的 F 表示十进制下的 15，即 $F_{16}=15_{10}$。十六进制可用于缩短冗长的二进制数，二进制下 4 位的数字用十六进制表达只需要 1 位。这使得用十六进制更方便表达较长串的二进制数。（有些数在十六进制下的书写形式恰为一个英文单词。您不妨试试！）

十进制	十六进制
0	0
1	1
2	2
3	3
4	4
5	5
6	6
7	7
8	8
9	9
10	A
11	B
12	C
13	D
14	E
15	F
16	10
50	32
100	64
500	1F4
1000	3E8
14598366	DECODE

后逐列求和。十进制运算中，某列所有数之和超过 10，则需要往其左列进个 1，即"逢十进一，借一进十"。二进制运算中，当某列之和超过 2 时，需要向其左列进个 1，即"逢二进一，借一进二"。二进制运算下的和数常常含有许多的 1，但是，二进制运算下人们只需要做 4 种和式：$0_2+0_2=0_2$，$0_2+1_2=1_2$，$1_2+1_2=10_2$ 和 $1_2+1_2+1_2=11_2$。而十进制运算中，我们需要处理几十种和式。因此，设计一台加法机器的话，用二进制编程是最为简便的。当然，代价是需要进行大量的子运算，而这些繁杂的工作机器会帮我们完成。这种机器就是数字计算机。

数理逻辑

数字计算机中的"数字"指 1 和 0。一台计算机通过进行一系列非常简单的二进制计算运转起来。这些运算结果之和仍为 1 或者 0，意为开或关，抑或真或假（计算机逻辑语言中没有"可能"这一选项）。但是，这些逻辑运算的法则与一般的算术运算不同。

计算机的最核心部分本质上其实就是一个由许许多多开关组成的处理器，开关运算中用"1"表示开，"0"表示关。

布尔代数

发明布尔代数运算的人是英国人乔治·布尔。1854 年，他写了一部名为《逻辑规律的研究》的巨著。书中，他给出一种把 "1" 视为真、"0" 视为假的代数运算。这种运算不是做加法、除法或其他常规的计算，取而代之的，是用与（AND）、或（OR）和非（NOT）进行逻辑运算。与运算用符号 "∧" 表示，操作起来更像乘法——运算中一旦有 0，则结果也为 0，即为假。要使最后的结果为真，需要两个条件都是真才行。或运算（符号为 ∨）类似于加法，但 1∨1=1，而不是 10_2。因此，或运算下如果想要结果为真，只要两个条件中有一个为真（一真一假或两真）即可。最后，非运算（符号为一）表示换值，即真条件的运算结果为假，假条件的运算结果为真。因此，易得 1一1=0 及 0一0=1。这些运算听起来颇为古怪，但是在布尔的书出版 90 年后，这种数理逻辑体系被运用于第一批数字计算机。如今，计算机处理器的基本操作都是二进制运算，与布尔代数运算极为相似。

参见：
▶ 数字系统，第 16 页
▶ 乘方，第 76 页
▶ 十进制小数，第 92 页
▶ 信息论，第 172 页

原理

二进制数容易让人困惑。但一旦你掌握了二进制与十进制的转化方法，就可以把二进制数换算成十进制数，便于阅读和观察，此时，一支笔和一张纸就能派上用场。让我们来看看如何操作。首先你需要把二进制数换算成几个十进制数之和。二进制数中的每一位对应一个位值，利用这些位值计算出每一位相应的十进制数，然后将它们相加获得最终的十进制数。

位值：

128	64	32	16	8	4	2	1
		1	1	0	1	1	0
		32 +	16 +	0 +	4 +	2 +	0

十进制计数 = 54

1	1	0	1	0	1	0	1
128+	64 +	0 +	16 +	0 +	4 +	0 +	1

十进制计数 = 213

1	0	1	1	0	0	0	0
128 +	0 +	32 +	16 +	0 +	0 +	0 +	0

十进制计数 = 176

	1	0	0	0	0	1	0
	64 +	0 +	0 +	0 +	0 +	2 +	0

十进制计数 = 66

数 e

何时一个字母不再仅是一个字母？当这个字母是一个数字的时候。作为字母表中的第五个字母，e 也是数学里最神秘的数字之一。当人们用数学去描述自然现象，他们发现最终结果常常含有这个神奇的数 e。这是为什么呢？

e（总是用小写字母表达）是最难以捉摸的数字。没有其他的数字可以用这么多不同的方式来诠释，但即使如此，我们仍然只窥见一斑，并没有真正看透它的全貌。这个数字用字母"e"来表达，可能并不是因为它的神秘性（在

英文中，用"elusive"这个单词表示"神秘的，难以捉摸的"，而这个单词恰好以"e"为首字母）。事实上，关于这个引用，有多种说法，有些人认为"e"指的是"指数增长"的英文表达"exponential growth"的首字母，而另一些人则说它来自于 18 世纪瑞士数学家欧拉（Euler）名字的首字母，他曾深入研究过数 e。

数学常数

如同数 π 和 Φ 一样，e 也是一个数学常数。这是与自然界相关联，永恒不变的数，但它也在数学世界中拥有完全

这是数 e——下面空白处我们写下了它的前一部分。e 是一个无理数，即为无限不循环小数。

瑞士数学家雅克布·伯努利于 1683 年计算出 e 的第一个近似值。

2.718281828459045235360287

的鲜活生命。e是一个无理数，这意味着我们永远都不能完整地写出它的整个小数形式——它的小数部分不断往后延续，没有终结（见第 40 页）。除此之外，e 还是一个超越数，也就是说它不可能简化为任何整系数代数方程的根（见第 148 页）。因此，我们只能尝试着去寻找方法以更精确地计算一下这个数 e。得益于计算机技术的发展，我们已经能够计算出 e 的小数点后 10 亿位。但是，这仍仅仅是个开始！以后我们可以说 e 大概是 2.718 281 82…。

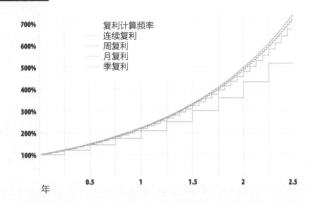

利息计算

数 e 最早用于复利计算。复利问题中，每隔一个固定的时间段把利息加入本金作为下一轮新的本金，收益滚动增长。如果年利率是 100%，一年后的收益将把本金翻番。

如果缩短时间尺度，减小利率，提高复利计算的频率，一年后的收益将更多。不断缩小时间尺度，最终得到连续复利，此时，收益随时间的增长比率是数 e，即 2.718 28…。

增长与衰减

虽然很难去计算 e 的值，但它适用于现实生活中很多的场景。这是因为 e 表达了增长率与现有量成比例变化的过程。换言之，现有增长率取决于现有量。在持续增长之下，现有量增加，同时，增长率也增加。这就是指数增长，这种增长方式常见于许多自然现象之中：放射性物质的衰变，细菌的生长，螺旋纹贝壳其纹路向外延展的方式（见第 84 页）。这些现象均与数 e 息息相关。另一个非自然界的关联是银行里"利滚利"的利息计算方式，也是依赖于数 e，而这也正是数学家第一次意识到这个数。

1352662497757247093699 95···

数 e 掠影

首先我们介绍一下数 e。我们计算数 e 最简洁的方式是利用数学式 $(1+1/x)^x$。此式中的 x 可以为任何你想要的数字，而我们已经知道当 x 趋近于正无穷大时，上述数学式接近于数 e。事实上，当 x 等于 1 时，上述式子的值为 $(1+1/x)^x=2$。当 x 等于 10 时，上述式子的值为 $(1+1/x)^x=2.593\,74\cdots$；当 x 等于 100 000 时，上述式子的值为 $(1+1/x)^x=2.718\,26\cdots$。当 x 取值更大，更接近正无穷大时，比如说令 x 等于 1000 万，则上述式子的值将为 $(1+1/x)^x=2.718\,28\cdots$。当 x 取值大于 1000 万时，上述式子的值（保留到小数点后的前 5 位）将始终是 2.718 28。当然，随着 x 取值的增加，由上述式子计算得到的数值，从其小数点后第 6 位开始，小数部分不断变化，而且越来越接近数 e。

大自然之子

人们对数 e 的最初发现是在 1618 年，隐藏于约翰·纳皮尔关于对数的一本著作的背面（关于对数的内容，见第 98 页）。对数运算（简记为 log）是在特定基数下把数对应于这个基数下的指数（见第 98 页）。这种运算大大降低了大数计算的难度。纳皮尔在这方面最初的工作涉及被称为自然对数的运算，即基数为 e 的对数运算。让我们简单回顾一下一般的对数运算（如以 10 为底）：我们知道因为 $10^1=10$，所以 $\log_{10}10=1$；而 $10^2=100$，所以 $\log_{10}100=2$；也因为 $10^0=1$，所以 $\log_{10}1=0$。同样的思路也适用于自然对数。自然对数常记作 $\ln x$，但有时只是简单地按照寻常的方式，记作 $\log_e x$。因为 $e^0=1$，所以 $\log_e 1=0$，类推，$\log_e e=1$。至此可见，它们如此相似，那么，数 e 又是从何而来的呢？

美国密苏里州圣路易斯大拱门是一根倒置的悬链线的形状，其解析方程需要用数 e 表达。

莱昂哈德·欧拉于 18 世纪 20 年代开始用字母 e 记这个无理数。如今，这个数亦被称为欧拉常数。

指数函数曲线

如果你描绘一条以自然方式增长的量的图像曲线，你会发现这条线起初非常平坦，之后越来越陡，直到最后几乎垂直，趋于正无穷。对数运算把这条曲线变换到一条直线（更易于理解），而 e 正是我们在自然界寻觅的能拉直这条曲线的数。关于数 e 的最早计算始于 1683 年雅克布·伯努利对复利增长曲线的研究（见第 139 页的图）。然而，最终是莱昂哈德·欧拉在 18 世纪 20 年代后期通过计算自然对数的底数，把数 e 与各种各样的曲线联系了起来。

参见：
▶ 超越数，第 148 页

数学奇迹

e 被广泛应用于从几何、数论到概率各个数学领域。让我们再看一个关于方根的趣事。数 x 的平方根 $\sqrt{x}$ 是一个数，它的平方恰为 x。数 x 的 3 次方根 $\sqrt[3]{x}$ 是另一个数，它的 3 次方恰为 x。而 x 的 x 次方根 $\sqrt[x]{x}$，它的 x 次方才是 x——注意，这里的 x 指同一个数。因此，$\sqrt{2}=1.414\cdots$，$\sqrt[3]{3}=1.442\cdots$；同样，$\sqrt[4]{4}=1.414\cdots$，$\sqrt[5]{5}=1.379\cdots$；而且，至此之后，这些数单调递减趋于 1，但是，始终达不到 1。由此，$\sqrt[x]{x}$ 最可能的值是多少呢？嗯，你猜对了，就是 $\sqrt[e]{e}$，它的小数表达是 $1.444\,66\cdots$。

谷歌公司与数 e

谷歌公司由几位数学家创建。（数学家能成立公司创业，这也是数学课堂上老师教育学生勤奋努力学习的范例之一。）2004 年，谷歌公司公开上市开始出售股票，首笔的报价为 2 718 281 828 美元——也就是说，e×10 亿美元。

取模运算

卡尔·弗里德里希·高斯被誉为数学王子。

是时候对数进行划分，以解决数学问题了。一个简单的划分技巧能把大数都转化成小很多且简单很多的数。取模运算正是运用这一技巧把所有的数字都划分成不同的类。

取模运算是由数学大师卡尔·弗里德里希·高斯引入的，或者至少是他起的名字。这个德国人是整个数学史上最重要的人物之一。他在许多领域做出了重大发现，其中包括帮助证明了（在非欧几何中）直线可能是弯曲的！高斯也是一位天文学家。1801年，他协助定位谷神星，这也是目前发现的第一颗小行星。（谷神星其实很大，大概与美国一样宽广，现在谷神星被归为矮行星。）高斯曾是一个儿童歌手，青少年时期就已经有了不少的发明。他24岁时在小行星定位上取得了成就。同年，他还出版了《算术研究》，这本书可能是自2000多

DISQVISITIONES

ARITHMETICAE

AVCTORE

D. CAROLO FRIDERICO GAVSS

LIPSIAE
IN COMMISSIS APVD GERR. FLEISCHER, Jun.
1801.

《算术研究》一书中引入了取模运算的概念。

年前的《几何原本》（见第59页）之后关于数字的最具影响力的图书。

寻找等价类

《算术研究》一书中描述了取模运算。其实，这种运算并不是全新的——人类早已经在这本书出版之前数世纪就用这种方法读时钟了（见对页）。但是，高斯发展了一种数字同余的方式。这里，"同余"或多或少有相等的意味，而且意义重大。

形状和尺寸

考察事物的形状，我们能很容易理解同余的含义。在数学中，所有的正方形被看作是相似的。也就是说，它们虽然尺寸大小和摆放方位不同，但有相同的形状。比如说，一个底边水平放置的正方形可以旋转得到一个直角顶点朝上的菱形。一个小的正方形和一个大的相似，虽然它们不是全等的。两个正方形如果有相同的边长，即使摆放的方位不同也是全等的。当考察这些图形时，很容易分辨哪些正方形是相似的，哪些是全等的。而一个正方形的尺寸和方位能够转化为一串带着系数和变量的数学符号（见第 108 页：向量和矩阵）。用这种方式可以处理各种事物，而不仅仅是图形，进而取模运算能用于分辨所有事物的同余与否。

现实生活中的应用

高斯应用取模运算解决了许多非常艰深的问题。其实，取模运算还是比较容易理解的。它被应用于很多方面，如美国邮政编码、条形码以及保护网络连接安全的软件系统。

钟表上的数学

也许你没有意识到，你正是运用取模运算看钟表认时间的。时间表达法有 12 小时制和 24 小时制两种方法。数字显示式时钟常用 24 小时制，但言谈中我们一般使用 12 小时制。（这里，我们假设交谈的另一方已经知道话题谈论的是上午还是下午。）两种时制下的时间转换，只要按 12 取模。比如，下午 1 点就是 13 点整，因为 13 除以 12 的余数正是 1。下午 2 点就是 14 点整（14 除以 12 的余数就是 2）。同样的，我们加减时间也要按 12 取模。比如，上午 9 点两人约定 10 小时后见面，那么你知道那是下午 7 点见面。因为 9+10=19，而 19 除以 12 的余数是 7。

00:00 $\equiv$ 12:00 (mod 12)

03:00 $\equiv$ 15:00 (mod 12)

08:00 $\equiv$ 20:00 (mod 12)

+9 = 8

$$13 / 5 = 2 \cdots\cdots 3$$
$$18 / 5 = 3 \cdots\cdots 3$$

$$13 \,(\bmod 5) = 3$$
$$18 \,(\bmod 5) = 3$$

$$13 \equiv 18 \,(\bmod 5)$$

一个简单的例子是 13 和 18 按 5 取模同余。你可以换一种方式检验，两个数做差，得数一定是 5 或 5 的倍数。

求余

取模运算是除法的最简单形式。式子中无须分号或小数；只是去计算一个整数是另一个的多少倍，进而得到余数。这里的除数被称为模数，这个词由拉丁文"measuring"（测量）演变而来。因此，取模运算的过程其实也是看一个数如何用模数来量度的过程。

奇数与偶数

让我们看一些例子。先从简单的模数 2 开始。我们已经知道任何偶数都能被 2 整除，而奇数除以 2 的余数是 1。因此，任何一个偶数按 2 取模后余 0。"modulo"这个词的意思是"除以模数"，一般简写作"mod"。所以，8=0(mod2) 且 15 926=0(mod2)。于是，我们说 8 与 15 926 按 2 取模后相

等（同余），记作 8 ≡ 15 926(mod2)。这里的恒等号"≡"意味着同余关系，即 8 与 15 926 属于同一个数类：偶数集。对于奇数我们也可以做类似的分析。因为 9 除以 2 得商为 4 余数为 1，所以，9=1(mod2)。当我们用一个较大的奇数，比如 28 765，除以 2 时，余数仍然是 1。由此，我们知道 9 与 28 765 按 2 取模后同余，记作 9 ≡ 28 765(mod2)。这些数构成一个不同于偶数集合的数类，即奇数集。

简单的运算

不要认为模 2 运算并不能告知我们太多的信息——至少不如以 10 为基数的内容丰富（见第 130 页：二进制与其他进制）。同样的，由模 1 运算可以得到整数集合。每一个整数都是 1 的倍数，即每个整数除以 1 得到的余数为 0。因此，所有整数按 1 取模后同余。也许这个结果并不令人多么震惊，但是它用简单的形式很好地诠释了取模运算的过程。

条形码是一列数字的图形表达。简单的取模运算可以用于检验条形码扫描器是否正确地读取了代码。如果校验一致，则表明识别成功，即由该有效扫描行正确地译码，停止识别过程；否则继续对有效扫描行进行解译，如果所有的扫描行都不能正确译码，则返回错误信息。

大数的取模运算

较大数的取模运算更加有趣，因为运算结果会产生更多的等价类。这些等价类恰有模数这么多个。比如，做模 10 运算，我们可能得到 10 种不同的余数 0、1、2、3、4、5、6、7、8、9，进而，又分成 10 个类，分别记作 [0]、[1]、[2]、[3]、[4]、[5]、[6]、[7]、[8] 和 [9]；按 25 取模则可能得到从 0 到 24 共 25 种不同的余数，即有 25 个类，等等。所有数字在做取模运算时，有相同余数的数字归为一类。例如，27 与 53 按 13 取模后同余，因为它们除以 13 得到的余数都是 1。它们同余的关系也可以用做差的方式验证：53-27=26，差 26 是模数 13 的 2 倍。事实上，模 13 同余的两个数做差后，结果都是 13 的整数倍。数 27 和 53 按 13 取模，在数 1 所在的类 [1] 里。我们用 1 作为代表，是因为 1 是这个类里最小的数。按 13 取模把所有正整数分成 13 个类。

负整数的取模运算

正整数的取模运算是比较直接的，而

POSTNET 条形码

美国邮件上印着的条码是 POSTNET 条形码，由美国邮政局印制。条形码中大部分条码代表的是邮件目的地的 ZIP 代码。如右图所示，每个数字都可以用 5 条长短不一但宽度一致的条码表示。这种编码技术使得邮政服务对邮件按目的地分拣处理的工序能够完全自动化。条形码最后一组条码代表的数字并不是 ZIP 代码中的一个数，而是验证码，计算机用其检验之前 ZIP 代码读取是否正确。计算机先把条形码中间代表 ZIP 代码的 9 个数码相加，再用和按 10 取模求余数运算，最后用 10 减去这个余数。如果这个余数与验证码一致，则说明 ZIP 码被正确解译出来了。若不一致，则需要重新扫描解码。请问下方的条形码是否解码正确呢？

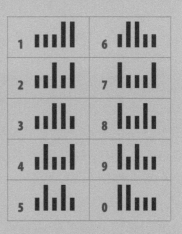

模运算加密

0	1	2	3	4	5	6	7	8	9	10	11	12	13	14	15	16	17	18	19	20	21	22	23	24	25	26
A	B	C	D	E	F	G	H	I	J	K	L	M	N	O	P	Q	R	S	T	U	V	W	X	Y	Z	#

秘钥矩阵 $= \begin{bmatrix} 1 & 3 \\ 2 & 7 \end{bmatrix}$ 　　解密矩阵 $= \begin{bmatrix} 7 & -3 \\ -2 & 1 \end{bmatrix}$

明文 "MATH"

明文中字母两两一组，成对编译: MA TH = (12, 0) 和 (19, 7)

加密字母 "MA" 为 $\begin{bmatrix} 1 & 3 \\ 2 & 7 \end{bmatrix} \begin{bmatrix} 12 \\ 0 \end{bmatrix} = \begin{bmatrix} 12 \\ 24 \end{bmatrix} \equiv \begin{bmatrix} 12 \\ 24 \end{bmatrix}$ (mod 27)

加密字母 "TH" 为 $\begin{bmatrix} 1 & 3 \\ 2 & 7 \end{bmatrix} \begin{bmatrix} 19 \\ 7 \end{bmatrix} = \begin{bmatrix} 40 \\ 87 \end{bmatrix} \equiv \begin{bmatrix} 13 \\ 6 \end{bmatrix}$ (mod 27)

明文 "MATH" 加密后编译为密文 "MYNG"。

解密字母 "MY" 为 $\begin{bmatrix} 7 & -3 \\ -2 & 1 \end{bmatrix} \begin{bmatrix} 12 \\ 24 \end{bmatrix} = \begin{bmatrix} 12 \\ 0 \end{bmatrix} \equiv \begin{bmatrix} 12 \\ 0 \end{bmatrix}$ (mod 27) 即知明文为 "MA"

解密字母 "NG" 为 $\begin{bmatrix} 7 & -3 \\ -2 & 1 \end{bmatrix} \begin{bmatrix} 13 \\ 6 \end{bmatrix} = \begin{bmatrix} 73 \\ -20 \end{bmatrix} \equiv \begin{bmatrix} 19 \\ 7 \end{bmatrix}$ (mod 27) 即知明文为 "TH"

　　利用模 27 运算，我们能加密由 26 个字母和 1 个空格符 # 组成的所有词串。一个词先被数字编码，再通过一个矩阵加密（矩阵乘法运算见第 109 页）。最后，计算结果进行模 27 运算后，对照数字和字母符号的对应表编译回词串形式。此时的密文就很难破译了。通过一个解密矩阵，我们亦能从密文找到之前的明文。

负整数的取模运算相对需要费些脑力。原因在于余数不能为负。因此，-7 按 5 取模后并不等于 -2，而是等于 3。处理正数的取模运算时，我们需要寻找模数（5）的最大整数倍数，该值不得大于最初给定的正数。因此，我们得到的余数是非负的。类似的，处理负数的取模运算时，我们需要寻找模数的最小整数倍数，使得乘积的绝对值大于给定负数的绝对值。因 $5 \times (-2) = -10$，且 $10 > 7$，所以，-7 按 5 取模后余数为 3。这种取模方式使得相应的等价类看起来有些古怪。比如，$-7 \equiv 8 \pmod 5$。直观上令人迷惑，但是，8 和 -7 按 5 取模后有相同的余数 3。

取模运算被用于网络安全防控。

模运算

把所有数按组分成各个等价类有什么好处呢？实际上，分成等价类后计算会更简便，因为从两个等价类中挑选出来的任何数对，它们进行加（或减或乘）运算后的结果一定在一个等价类中。例如，7 ≡ 11(mod4) 及 5 ≡ 9(mod4)。7 和 11 属于 3 所在的等价类 [3]，而 5 和 9 属于 1 所在的等价类 [1]。当把等价类 [3] 中的数

费马小定理

法国数学家皮埃尔·德·费马因费马大定理而蜚声于世。其实，他还有一个关于素数验证的小定理，同样知名。定理指出，任何与素数 p 互质的正整数 a，其 p 次幂 a^p 与 a 自身关于模 p 运算同余。换言之，a^p-a 恰为 p 的倍数。比如，$2^3-2=6$。用取模运算的语言表达就是 6 ≡ 3（mod3）。这种检验素数的方法很强大，但是并不完善，有极少的一些数满足这种检验条件，但是却并不是素数，这类数称作卡马克尔数。最小的卡马克尔数是 561。

皮埃尔·德·费马是 17 世纪一位具有神秘色彩的数学家。

$$a^p \equiv a \,(\mathrm{mod}\,p)$$

原理

下面是取模运算下两数同余的一些例子。

---

14 ≡ 26 (mod 12)
14 ÷ 12 = 1 ······ 2
26 ÷ 12 = 2 ······ 2

---

27 ≡ 9 (mod 3)
27 ÷ 3 = 9 ······ 0
9 ÷ 3 = 3 ······ 0

---

116 ≡ 17 (mod 11)
116 ÷ 11 = 10 ······ 6
17 ÷ 11 = 1 ······ 6

与等价类 [1] 中的数进行求和运算时，得数是 4 的倍数，所以属于 0 所在的等价类 [0]（3+1=4，而 4 是模 4 运算下 [0] 中的元素）。我们可以验证一下：7+5=12，11+9=20，而 12 和 20 都是 4 的倍数，所以都是 [0] 中的元素。不妨尝试别的数对，结果都将是 4 的倍数，即属于 [0]。而对于减法，可以验证 [3]-[1]=[2]，即差值总是模 4 运算下 2 的倍数。与此类似，当把等价类 [3] 中的数与等价类 [1] 中的数相乘时，得数总是模 4 运算下 3 的倍数，读者可以自行计算检验。

参见：
▶ 信息论，第 172 页

超越数

7.65625059604644775390 6250000000000007523163 8452626400509999138382 2237233803··· 这个无限小数被称为刘维尔常数，是第一个被发现的超越数。

数学家们一直在探索数字王国中的新事物。19世纪70年代，他们发现有一些数游离于数学常规之外。

数学家们喜欢把数按照某个规则或性质划分成不同的类或集合。这种方式便于他们理解数之间的关联，比如哪些性质是所有数的共性，而哪些只是部分数才有的性质。超越数是存在于我们能够想象到的各种类型之外的夹缝中的数。部分超越数，如e和π，是我们所熟知的，但是，我们还未曾见到绝大多数的超越数，亦不可能见到。

遵循规则

截至目前，我们已经见识了所有最重要的数字分类。从自然数集合开始，加入负数，就得到了全体整数。分数是用整数进行除法运算得到的，如 3/4 和 1/10。整数集合与分数集合并在一起，就是有理数集合。到此为止，一切都按规矩来。

破坏规则

有一些数是无理数（即它们不属于有理数集合），比如$\sqrt{2}$，这个数的发现引发了当时数学界的一场危机，据说还迫使毕达哥拉斯实施了一场谋杀。事实上，这个数，以及其他所有无理数，比如 Φ，是不能写成整数之商的形式的。它们亦不能被准确地计算出或写出其小数点后各位的值。我们能做的只是计算其小数点后尽量多的位数上的值。但是，我们仍可以用其他数精准地表达出这些数。

如果你认为数字王国是个有序的世界，那么你错了。大多数数字是无序的，它们形成了数字王国中无法被估算的旋涡。

方程的根

　　但是，有理数和部分无理数还是可以构成一个更大的类——代数数，其含义是指这些数能满足某些整系数代数方程，最终消为 0，即为整系数代数方程的根。整系数易于处理。比如 7 满足：7-7=0 及 -7+7=0。分数，如 1/2，稍复杂一点，满足 1/2×2-1=0。其实，任何整数，无论多大，任何分数，无论多小，都能找到一个整系数代数方程以之为根。也许你会认为 $\sqrt{2}$ 过于复杂，找不到相应的整系数代数方程。不过，让你失望了，其实很简单：$(\sqrt{2})^2-2=0$。

查尔斯·厄米特是一位法国数学家，他于 1873 年证明了 e 是超越数。

圆周率 π

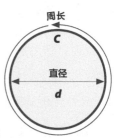

周长

c

直径

d

　　人们在 2000 多年前就已经开始研究数字 π，一直致力于寻找其小数点后数码的变化规律，以揭开 π 的神秘面纱。1882 年，这个努力被证明是徒劳的，根本无规律可循。我们可以做的仅仅是计算出其小数点后更多的数码。下面是 π 小数点后前 1000 位的数码。

3.1415926535 8979323846 2643383279 5028841971
6939937510 5820974944 5923078164 0628620899
8628034825 3421170679 8214808651 3282306647
0938446095 5058223172 5359408128 4811174502
8410270193 8521105559 6446229489 5493038196
4428810975 6659334461 2847564823 3786783165
2712019091 4564856692 3460348610 4543266482
1339360726 0249141273 7245870066 0631558817
4881520920 9628292540 9171536436 7892590360
0113305305 4882046652 1384146951 9415116094
3305727036 5759591953 0921861173 8193261179
3105118548 0744623799 6274956735 1885752724
8912279381 8301194912 9833673362 4406566430
8602139494 6395224737 1907021798 6094370277
0539217176 2931767523 8467481846 7669405132
0005681271 4526356082 7785771342 7577896091
7363717872 1468440901 2249534301 4654958537
1050792279 6892589235 4201995611 2129021960
8640344181 5981362977 4771309960 5187072113
4999999837 2978049951 0597317328 1609631859
5024459455 3469083026 4252230825 3344685035
2619311881 7101000313 7838752886 5875332083
8142061717 7669147303 5982534904 2875546873
1159562863 8823537875 9375195778 1857780532
1712268066 1300192787 6611195909 2164201989

运用变量

之前提到我们要做的是构造合适的方程，此时，若用字母替代具体的数字，如常用字母 x、y、n 或其他，则之前的式子就变成了含有变量的方程：$x-x=0$，$x(y/x)-y=0$，$(\sqrt{n})^2-n=0$。我们可以找到一个数满足上面的方程。这些方程称为整系数代数方程，满足这些方程的数即为方程的根，亦为之前提及的代数数。数个世纪以来，人们一直认为所有数都该是代数数，只是某些数，数学家们还没有找出合适的方程以之为根。

数字王国族谱。大部分数，无论实数集中的，还是复数集中的，都是超越数。

问题趋于复杂

对于更加诡异的数字，如虚数单位 i（见第 86 页：复数），能找到合适的方程吗？虚数单位 i 等于 $\sqrt{-1}$，即 -1 的平方根，因此，$i^2=-1$。于是，等式两边各加个 1 就能消为 0，即 i 是整系数代数方程 $x^2+1=0$ 的根，故 i 为代数数。那么数 e 呢？（见第 138 页）也能找到合适的方程吗？自从数 e 被发现开始，人们就致力于为它寻找合适的方程以证明其为代数数，但是，最终都失败了。1844 年，法国数学家约瑟夫·刘维尔尝试证明 e 不是代数数。当然诚如我们后来知道的，他的努力以失败告

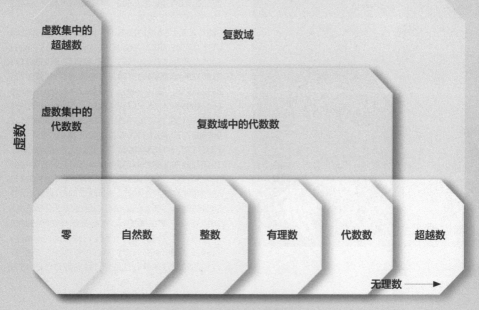

虚数集中的超越数

复数域

虚数

虚数集中的代数数

复数域中的代数数

零　　自然数　　整数　　有理数　　代数数　　超越数

无理数 ⟶

实数

终。但是在证明过程中，他构造了一个不能通过整系数代数方程消为 0 的无理数。这个数，现在被称为刘维尔常数，是迄今发现的第一个超越数。"超越"的意思就是"游离于……之外"，刘维尔常数在当时是数学家们用已有的工具无法处理的。下一个问题是，这个数是不是某一类数的代表？

后续的故事

最初，没人知道刘维尔常数是罕见的特例，还是会引发一大类超越数的发现。证明一个数，如 e，是超越数，这是非常困难的。1873 年，法国数学家查尔斯·厄米特证明了如果 e 是代数数，则在 0 和 1 之间存在另一个整数。显然，这不可能发生，因此，e 必为超越数。随着研究的深入，人们发现超越数并不稀少，如有序世界中的珍宝。事实上，恰恰相反，超越数集合比任何其他数的集合都庞大！如果当初的设想为真，人们进而思考，数从何开始，又在哪儿终止？这个问题在当时几乎质疑了整个数学的基石。第三次数学危机的解决，最终证明了超越数的繁多，而主要工具是数学家康托尔的集合论，我们在下一章将谈及。

参见：
▶ 无穷大，第 152 页

代数数

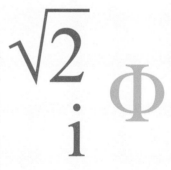

代数数不都是有理数——事实上，大部分是无理数。像 $\sqrt{2}$ 和 Φ 这些无理数并不能像有理数那样准确写出它在小数点后的每一位，而只能是写到小数点后尽可能多的位数。那么这些无法准确写出的无限不循环小数，又何以能与整数和分数一样成为某个整系数代数方程的根呢？这关键在于它们都能自乘数次后变为整数（关于乘方的内容，见第 76 页）。比如，虚数单位 i 是 -1 的平方根。而 $Φ=(1+\sqrt{5})/2$ 的情况稍复杂些，但它乘 2 减 1 后是 5 的平方根，即它是整系数代数方程 $(2x-1)^2-5=0$ 的根。虽然验证这些无理数是代数数并不是一件易事，但是，任何一个超越数都不可能有这样的代数性质。

无穷大

关于无穷大的一个直观图。无穷大是无法企及的，但是数学家们仍能想尽办法运用它。

你能想象得到的最大数是几呢？是无穷大吗？嗯，抱歉，无穷大不可能是最大的数，因为无穷大并不是一个数，而是一个量，一种数增大的趋势。事实上，数学上定义了多种无穷大，它们之间还可以相互比较大小。

对于无穷大，我们每个人心中都有一个界定。我们用"无尽""无数"和"无限"等词来描述无穷。粗看起来这些词都用得很合适，但是其实这些词本来就表述不同的含义，它们仅描述了某些无穷大的意义，而不能表达另一些。实际上无穷大是一个很奇特的概念。

关于无穷大的一个游戏

通过想象一个无穷次才能完成的游戏，我们可以感受一些无穷大的含义。首先准备一个足够存放无穷多小球的大桶，设想我们真的有无穷多的球，每个球上还标记着数字，从1开始到无穷大。第一步，把前10个球（即标号为1至10的球）放入桶中，再取出1号球。第二步，把标号为11至20的10个球放入桶中，再取出2号球。持续这个过程，第 n 步把标号为 $10(n-1)+1$，$10(n-1)+2$，…，$10(n-1)+10$ 的10个球放入桶中，再取出第 n 号球——第三步取出3号球，第四步取出4号球，一直进行下去。无穷步后，最终桶里还剩下什么呢？有无穷多个球？还是根本就没有球了？实际上，此时桶里空无一球。虽然这个过程中放入球的速度远远快于取出球的速度，但是无穷次放入球的同时，我们也同样无穷次地取出球。因此，球桶最终被取空。

有限的时间

显然，上面的游戏并不具有可操作性，因为它需要耗费无限的时间。不过，我们可以想象一个1分钟内（或其他时间限制

图中，数学家亚里士多德正在指导马其顿的亚历山大大帝。亚里士多德本人在处理关于无穷大的相关问题时也格外小心，因为他认为无穷大存在于神域。

内）完成的关于无穷大的游戏。准备一盏灯和一个开关，计时开始时，我们摁动开关打开灯。半分钟后，我们再次摁下开关熄灭灯。1/4 分钟后，再次开灯。持续这种操作，只是把每次开关灯的时间间隔减半，接下来，1/8 分钟，1/16 分钟……我们可以把剩下的时间无限细分。无穷次操作意味着开关灯动作永不停歇：每次开灯动作后会跟着一个关灯动作，反之亦然。但是，因为时间有限，最终时间一到，所有动作就要停下来。那么，最后的时刻灯是打开着还是熄灭了呢？我们无从知晓。

古代谜题

人们很早就意识到了无穷大的神奇。古希腊数学家们总是试图去避开无穷大，他们认为一条直线可以无限长，但是，无法达到。然而，生活在 2500 年前古希腊的哲学家芝诺提出了一系列有关无穷大的

芝诺悖论

芝诺最著名的悖论之一是"阿喀琉斯跑不过乌龟"。阿喀琉斯是古希腊神话中善跑的英雄，在他和乌龟的赛跑时，他让乌龟在其前方 100 米起跑。当乌龟向前跑了一段距离后，阿喀琉斯很快就追过来了，但是，同时，乌龟也已经又前行了新的一段距离。于是，阿喀琉斯不断地追到乌龟之前的位置，同时乌龟已经向前一段距离，又到了新的位置。阿喀琉斯不断地追赶，越来越靠近乌龟，但是他和乌龟之间总存在一段距离。

约翰·沃利斯于 1665 年引入无穷大的符号，即双纽线形 ∞。他在之后的著作《数学文集》（原名为 Opera Mathematica）中运用了无穷大的概念。现在，这个符号已经被广为使用，包括在数学之外的学科。

悖论——最著名的悖论之一，如第 153 页方框中所示——至此，当时数学家们对无穷大的最初设定被击溃了。

真理浮现

悖论是一种看似自相矛盾的命题。如果假设命题成立，就能推导出命题为假，反之亦然。芝诺的大部分悖论可以总结为二分问题：一个物体要到达 1 千米处，它必须先经过 0.5 千米处，而它要到达 0.5 千米处，不得不先经过 1/4 千米的位置……按照这个思路，你会发现，我们走到终点（1 千米远处）需要无限多步。而我们只有有限的生命，如何完成这无限多步呢？芝诺认为真实的运动不存在，一切变化都是幻象。当时其他人认为宇宙是由不可再分

的元素构成的，他们称这些元素为原子。原子的不可再分性保证了人只要每次走一个原子的宽度，就能有限次走完，虽然这个数过于庞大。多年后，科学家确实验证了世界万物是由原子构成的。现代物理也发现原子并不是最微小的物质，不过，同时也发现时空均有下限，不能任意细分。当然，数学和数字可以超脱于真实世界之外存在，并没有数字"原子"不能被细分。事实上，任何数，无论多小，都可以被减半。

关于无穷大的计算

17 世纪时，数学家们关注于如何一个一个地数清楚所有的数。比如从 1 数到 2，中间有无数多个分数，怎样才能不多不少一个接一个地数出来呢？他们发现，想要数清楚，必然需要寻找一种方式处理无穷大。1665 年，英国数学家约翰·沃利斯

定义了无穷大的符号，即 ∞（他也给出了定义数轴的想法）。无穷大的符号是一根双纽线，即一个圈扭转一边，使中间自交的图形，进而这个图形无起点也无终点，恰与无穷大性质相同。

无穷和

无穷大符号 ∞ 可以用于简单的加减乘运算，但是却有别于一般的数：1+∞=∞，10×∞=∞，以及 (±∞)+(±∞)= ±∞。这些式子意义明显，但是 1/∞ 有相应的计算吗？沃利斯和其他数学家，如艾萨克·牛顿和戈特弗里德·莱布尼茨，开始着手研究两个整数之间的无穷多个分数之和，如 0 与 2 之间的。比方说，1+1/2+1/4+1/8+1/16+…，即 2 的所有自然数幂的倒数之和。这个无穷和应该为 2。为何呢？我们并不能直接对无穷多个分数一步一步求和验证猜测。接下来的两个世纪中，许多数学家提出了验证方法，以证明这些逐项等比例递减的分数，如果存在无穷和，其和必为 2。但是，无论是 2 还是和式中的所有分数都是有理数，而人们早已知道无理数远远多于有理数，且无理数不能写成分数形式（见第 40 页的方框）。大多数无理数还是超越数（见第 148 页），即不遵循某些数学性质。那么，我们该如何去算这些数的无穷项之和呢？

感受无穷大

在今天，微积分业已成为"艰深晦涩"的代名词。人们以数年对大量数学基本知识的学习掌握为前提，才有可能对微积分理论有一定的认识。微积分理论建立的目的是研究变量的性质。它把那些变量转化为一个无穷级数，前后项只相差一个无穷小量。微积分可以为复杂现象建立数学模型来进行研究，比如海浪模型。

艾萨克·牛顿是 17 世纪 80 年代微积分理论的独立发明者之一，另一位主要的独立发明者是戈特弗里德·莱布尼茨。

数集合

解决上面问题的一种方式是把实数集合按性质分割成小集合（见第 160 页：集合论）。这方面工作的领军人物是德国数学家格奥尔格·康托尔。19 世纪 70 年代，康托尔开创性地提出不同无穷集合的基数可以不同，无穷大与无穷大之间也有大小区别，这些想法颠覆了一直以来人们对无穷大这个概念的认识。这些想法看似奇特，但是现已被数学家们一致认可。而在康托尔生活的那个年代，许多同事嘲笑他，认为他的工作是毫无意义的。康托尔因为这些讥讽对立，精神上屡受刺激，患上了严重的精神疾病和抑郁症，所以，他晚年的大部分时间是在医院里度过的。直到 20 世纪早期，他已是迟暮之年，孤独且穷困潦倒，数学界才真正意识到他的工作的划时代意义。

格奥尔格·康托尔关于无穷的研究奠定了现代无穷理论运用的基础。

康托尔最著名亦是最易理解的成就之一是关于所有正有理数可以不多不少一个接一个数出来的证明，如右图所示，只要把所有正有理数按顺序排列成无穷行、无穷列的矩阵，以它们为格点，通过 Z 字形路线走遍所有格点。这种元素可以被一个一个数清楚的集合称为可列无穷集。

	1	2	3	4	5	6	7	8	-
1	$\frac{1}{1}$	$\frac{1}{2}$	$\frac{1}{3}$	$\frac{1}{4}$	$\frac{1}{5}$	$\frac{1}{6}$	$\frac{1}{7}$	$\frac{1}{8}$	-
2	$\frac{2}{1}$	$\frac{2}{2}$	$\frac{2}{3}$	$\frac{2}{4}$	$\frac{2}{5}$	$\frac{2}{6}$	$\frac{2}{7}$	$\frac{2}{8}$	-
3	$\frac{3}{1}$	$\frac{3}{2}$	$\frac{3}{3}$	$\frac{3}{4}$	$\frac{3}{5}$	$\frac{3}{6}$	$\frac{3}{7}$	$\frac{3}{8}$	-
4	$\frac{4}{1}$	$\frac{4}{2}$	$\frac{4}{3}$	$\frac{4}{4}$	$\frac{4}{5}$	$\frac{4}{6}$	$\frac{4}{7}$	$\frac{4}{8}$	-
5	$\frac{5}{1}$	$\frac{5}{2}$	$\frac{5}{3}$	$\frac{5}{4}$	$\frac{5}{5}$	$\frac{5}{6}$	$\frac{5}{7}$	$\frac{5}{8}$	-
6	$\frac{6}{1}$	$\frac{6}{2}$	$\frac{6}{3}$	$\frac{6}{4}$	$\frac{6}{5}$	$\frac{6}{6}$	$\frac{6}{7}$	$\frac{6}{8}$	-
7	$\frac{7}{1}$	$\frac{7}{2}$	$\frac{7}{3}$	$\frac{7}{4}$	$\frac{7}{5}$	$\frac{7}{6}$	$\frac{7}{7}$	$\frac{7}{8}$	-
8	$\frac{8}{1}$	$\frac{8}{2}$	$\frac{8}{3}$	$\frac{8}{4}$	$\frac{8}{5}$	$\frac{8}{6}$	$\frac{8}{7}$	$\frac{8}{8}$	-
	-	-	-	-	-	-	-	-	

可数无穷大

最简单的无穷数集合是可以把元素一个一个按顺序数出来的，比如正整数集合：从1开始，然后是2，3，4，…，每次加1往下数，无限持续下去。康托尔把这种集合的基数定义为可数无穷大。这种集合亦称为可列无穷集，这个名称可能更为合适，因为人们可以罗列无穷多个数，却不能真的一个一个数完所有无穷个数。偶数集合、奇数集合和平方数集合等都是可数无穷集合。人们也许直觉认为这些集合都是自然数集合的真子集，所以基数应该更小。如偶数集合只有自然数集合中一半的元素。但是，这些集合都是无穷数集合，它们都能与自然数集合建立一一对应关系，进而，能一个一个按顺序罗列出来。

负向扩充

非零自然数均为正值，可以认为是沿着数轴正半轴往右，逐项递增地趋于正无穷大。添上0，沿着数轴往左，自然数的相反数以逐项减1的方式递减地趋于负无穷大。这些非零自然数与它们的相反数以及0构成整个整数集合。整数集合也是可列无穷集。整数集合比非零自然数集合似乎多了一倍的元素，但其实它们有相同的基数。

有理数集合

整数集合是有理数集合的真子集。非整数的有理数是分数。当然，分数集合也是无穷集合。但分数集合也能如整数集合那样一个一个元素按顺序罗列吗？分数是

无穷基数

数学上，一个集合的基数是指其含有的元素的个数。因此，在《白雪公主》故事中小矮人构成的集合的基数为7，《101斑点狗》故事中斑点狗构成的集合的基数为101。同样，一个无穷集合的基数为无穷大。但是，人们发现有些无穷大要大于其他的无穷大。为了阐述清楚这种区别，康托尔运用希伯来语阿列夫（ℵ），引入了一套无穷基数概念。可列无穷集具有最小的无穷基数，如整数集合，基数为阿列夫零（$\aleph_0$）。不可列集，如实数集合，基数为阿列夫1（$\aleph_1$）。

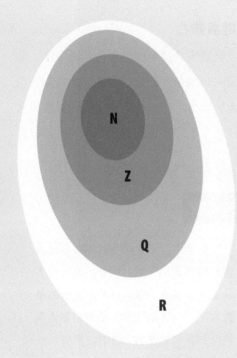

可列无穷集

不可列无穷集

上面的韦氏图表明不同无穷集之间的包含关系。其中，N 表示自然数集合，Z 表示整数集合，Q 表示有理数集合，R 表示实数集合。

有理数的一种方式，这种方式被后人称为康托尔的"对角线论证"，读者可参见第 156 页下方的框图。

不可列集

有理数集合是可列集，与整数集合同基数。即使如此，两个整数之间的所有分数，如 1 与 2 之间的分数，就已经构成一个可列集。换言之，1 与 2 之间有整数那么多的分数。接下来考虑无理数，情况更为复杂。无理数，如 $\sqrt{2}$ 和 π，虽亦坐落

由两个整数进行除法运算得到的，因此，只要分别按分母和分子排序，走一条特殊路径即可：从 1/2 开始，然后是 1/3, 1/4, 1/5, …，所有分子是 1 的分数按分母逐项增大排列；第二行从 2/1 开始，然后是 2/2, 2/3, 2/4, …，所有分子是 2 的分数按分母逐项递增依序排列；按照这种方式康托尔可以把所有有理数排成一个无穷行、无穷列的矩阵。沿着简单的 Z 字形对角线路径，康托尔向大家展示了罗列所有

希尔伯特的旅馆

大卫·希尔伯特是德国著名的数学家。他曾问学生一个问题：设想一个旅馆有无穷多个房间，某个忙碌的夜晚，旅馆住满了客人，翌日，又有无穷多个新客人造访，这时，柜台该怎么做呢？旅馆不想放弃这份不菲的收入，可是已客满。希尔伯特想以这个例子说明无穷大并不是真正的数。他可以轻松解决柜台的难题，只要让所有原来的客人都搬到房号为旧房间号乘以 2 的新房间，就能空出所有奇数房号的房间，进而让新客人入住。

在数轴上藏于有理数之间，但无法如有理数一般写清楚每一位数码，因此，无理数并不能按顺序一个一个罗列完整。所以，有理数和无理数的并集，即实数集合，是不可数的，或称为不可列的。康托尔认为不可列集的基数要严格大于可列集的基数。不可列集中含有远远多于可列集的元素。对于两个可列集，可以在两者之间建立一一对应关系：两者的第一个元素相互对应，第二个元素相互对应，第三个元素相互对应……按这个原则把两个集合的所有元素对应起来。这种方式却不适用于不可列集之间。无穷集合使得你每取完一个数，剩下的数仍然构成一个无穷集合。

参见：
▸ 零，第 30 页
▸ 素数，第 58 页
▸ 集合论，第 160 页
▸ 10 的古戈尔次方：古戈尔普勒克斯，第 168 页

集合论

把现实世界中的事物或数据按类分成不同的集合，是一种简化问题、便于相互比较分析的手段。然而，这种看似简单的操作在20世纪之初让数学陷入了一场危机。最终，集合论的严格化和完善化才化解了这场危机。

数学上，一袋水果可以和无穷数集一样被看作是一个集合。也许听起来怪异，但数学上我们只关心事物的数量性质，并不关心具体的事物是什么。于是，几乎任何事物我们都可以拿来构成一个集合，直到19世纪末，这种随意性引发了数学史上的一场危机。

规则破坏者

这次危机源于超越数的发现（见第148页）。如 π 和 e 这些为我们熟知的数都是超越数，它们的性质在当时并不为数学家们所理解。超越数不能由其他非超越数通过有限次四则运算得到，它们是实数集合中特殊的存在。而格奥尔格·康托尔关于无穷大的工作让人们意识到其实绝大多数实数是超越数，而人们之前认识的非超越数却只占少数。超越数和其他无理数填充整数和分数之间的空隙，使得数轴成为一条连续的有向直线，数轴上再无空隙。人们起初以为每两个数之间都是可以

图中的所有水果可以构成一个集合，根据品种的不同，还可以分出几个子集合：葡萄集合、红苹果集合和梨集合等。集合论中，一个梨和一个数是无须区别对待的。

集合运算符号

集合论中有一些特殊的运算符号。下面简要介绍部分集合运算符号的含义及使用范例。

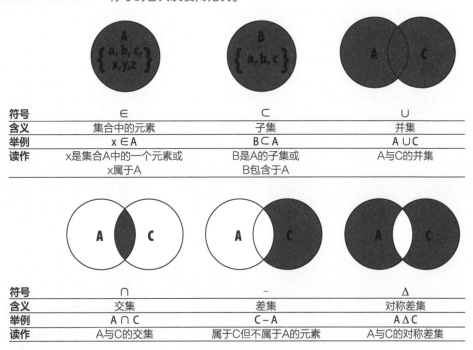

符号	∈	⊂	∪
含义	集合中的元素	子集	并集
举例	x ∈ A	B ⊂ A	A ∪ C
读作	x是集合A中的一个元素或 x属于A	B是A的子集或 B包含于A	A与C的并集

符号	∩	−	Δ
含义	交集	差集	对称差集
举例	A ∩ C	C − A	A Δ C
读作	A与C的交集	属于C但不属于A的元素	A与C的对称差集

相互表示的，直到发现超越数，规则被打破。大概 50 年后，数学家们针对集合概念揭示了一些逻辑悖论，并提出完善和修正方案。完善之后的体系最终引发了计算机革命，进而改变了整个世界。

朴素集合论

集合论在此之前其实早就存在，但此后将面临深层次的修正。早期的集合论称为朴素集合论，它已足以处理生活中的一些简单运用：处理有限集，或微调后处理一些无穷集问题。

集合的元素

一个集合就像一个容器，可以"装下"任何事物，比如刚刚从商场购得的物品。集合中包含的每一项称为元素，用一对花括号包住所有元素构成一个集合，这对花括号有时也称为集合括号。由此，可以得到一个集合：物品集合 ={ 巧克力，苹果，葡萄，芝士，面包 }。每个集合都有基数，即集合中所含元素的个数，如上面

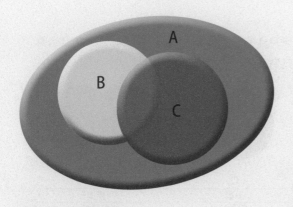

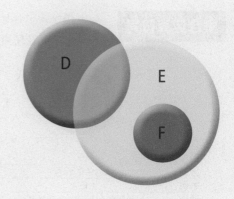

集合间的包含关系以及交并差等运算在韦氏图中清晰呈现。韦氏图由英国数学家约翰·韦恩发明。

物品集合的基数为5。集合中的部分元素可以构成一个新的集合，即原集合的子集。于是，上述物品集合可以写成 {巧克力，{水果}，芝士，面包}，其中水果集合 ={苹果，葡萄}。这样调整后的物品集合基数为4，因为此时视 {水果} 为一个元素，虽然水果集合本身含有两个元素。

集合之间的比较

集合论的一个研究目的是简化元素比较的过程，无须再顾虑元素究竟代表的是什么具体事物。设想有另一个集合：购物清单集合 ={芝士、苏打、橘子、葡萄、鸡肉、面包}。物品集合与上述购物清单集合可以做交集，即把两个集合中公共的元素拿出来构造一个新的集合：购物清单集合∩物品集合 ={芝士、葡萄、面包}。

由交集可见，这趟购物不算顺利。因为购物清单集合基数为 6，而交集的基数为 3，说明只购得清单中的 3 件物品。

集合运算

通过在物品集合中，关于上面的交集取余，就可以知道哪些已购买的物品是之前清单上没有列入计划的。这个过程等价于用物品集合减去购物清单集合得到的差集：物品集合 - 购物清单集合 ={巧克力，苹果}。所以，这趟购物也不算太失败。购物者明显临时起意，用巧克力和苹果替换下起初欲购买的橘子。我们也可以用并集运算表达出两个集合中的所有元素：购物清单集合∪物品集合 ={芝士、苏打、橘子、葡萄、鸡肉、面包、巧克力、苹果}。通过对称差集运算，我们也可以表达出购物清单上罗列了却未买的物品，以及事先没有计划但最终买了的替代品：购物清单

集合 Δ 物品集合 ={ 苏打、橘子、苹果、鸡肉、巧克力 }。

全集

朴素集合论中有一个概念叫全集，通常记作 U。顾名思义，全集包括问题涉及的所有元素。如上面的购物问题中，我们可以把杂货店中所有待售物品作为元素构造全集。数学上，全集可以包含任何考查的对象，包括它自己本身。这种一个集合可以以自身为元素的设定导致了数学史上最有趣悖论之一的产生。而现在，我们应该明了集合论是如何完善化以弥补这个漏洞的。

无限集

一个集合不光可以含有有限个元素，如上面的物品集合与购物清单集合，也可以含有无限多的元素。格奥尔格·康托尔关于无限集的工作表明，同样都为无限集的两个集合，其元素填充的方式可能不同。自然数集是一个无限集，我们可以一个一个有序地罗列出它包含的每一个元素：{0，1，2，3，4，5，…}。集合括号中的省略号使得我们无须去穷尽所有的自然数，而是"按之前的规则依序排列下去"。

说谎者悖论

悖论是一种表面上同时隐含着两个对立结论的命题或推理，而这两个结论都能自圆其说。最有名的悖论之一是说谎者悖论，它来源于公元前 6 世纪的哲学家古希腊的克里特人埃庇米尼得斯说的一句话："所有克里特人都是说谎者。"因为他自己就是克里特人，所以，我们只能认为他自己也是一个说谎者，因此，不是所有克里特人都说谎。如果埃庇米尼得斯正是说实话的人之一，那么，所有克里特人都该是说谎者，包括他自己，如他的话陈述的，这样，这些推理就进入了一个无休止的死循环。这句话是一个悖论，因其是自我指涉的，一个克里特人谈所有克里特人，在说到自己时否定了自己，它的断言总是与自身矛盾。这些悖论听起来如有趣的谜题，但是当这些自我指涉的推理运用于数学上时，整个数学体系的准确与合理性受到了质疑。

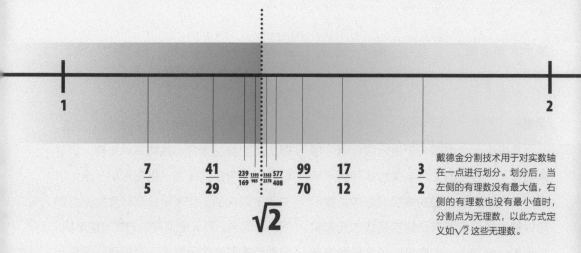

$$\frac{7}{5} \qquad \frac{41}{29} \qquad \frac{239}{169} \, \frac{1393}{985} \, \frac{3363}{2378} \, \frac{577}{408} \qquad \frac{99}{70} \qquad \frac{17}{12} \qquad \frac{3}{2}$$

$$\sqrt{2}$$

戴德金分割技术用于对实数轴在一点进行划分。划分后，当左侧的有理数没有最大值，右侧的有理数也没有最小值时，分割点为无理数，以此方式定义如$\sqrt{2}$这些无理数。

划分实数集

与自然数集合同基数的可列集还有很多，同时，也存在不可列无穷集，如实数集合。实数是不能被一个一个罗列清楚的，相反，它们形成一条无任何缝隙的连续直线。那么如何才能确定一个数是实数呢？换言之，每个实数究竟在数轴上的哪个位置？19世纪80年代，德国数学家理查德·戴德金解决了这个难题。他验证了数轴上的数或为（可定义的）有理数或为无理数，而无理数的两侧被有理数包围。通过一系列冗长的计算，戴德金发现有理数稠密地散布于数轴之上，仅有的小缝隙恰好为不易定义的无理数所填满。

理发师悖论

大约20年后，威尔士数学家伯特兰·罗素提出了著名的理发师悖论：在一个小镇里有一家理发店，里面的理发师必须遵循一个规则，即理发师只给不给自己理发的人理发。于是，罗素问道：谁为这位理发师理发呢？如果他给自己理发，则他背弃了自己的原则，他为给自己理发的人理发了；但如

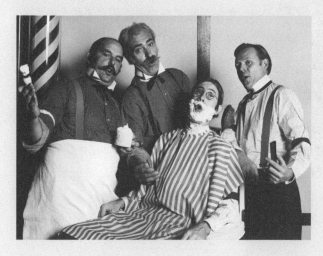

这些理发师状似陶然自得，并未被罗素悖论所扰（1901年）。

仙境中的集合

《爱丽丝漫游奇境记》是英国作家刘易斯·卡罗尔在 19 世纪六七十年代所著的童话故事。卡罗尔的原名叫查尔斯·道奇森，也是一位数学家。整个故事充斥着数学思想，如爱丽丝行走的道路可以作只改变尺寸不改变形状的相似变换。爱丽丝遇见鸽子那段故事可以用集合论来诠释。鸽子指责爱丽丝

是一条蛇，想吃她的蛋。鸽子从来没有见过小女孩，它认为它树上所有的东西都是蛇。两者讨论了蛇、食蛋动物和小女孩的特征。爱丽丝坚持说一些蛇会吃蛋，一些小女孩也会吃蛋，但是，没有哪个小女孩会是蛇，它们是不同的两个集合类。鸽子表示不同意，它们认为所有的蛇和食蛋者都是一类的，小女孩作为食蛋者是蛇集合中的一个子集。

迪士尼版的《爱丽丝漫游奇境记》中，三月兔向疯帽匠讨要半杯茶，结果疯帽匠居然把茶杯一分为二后递给三月兔。

真实世界

蛇

小女孩

食蛋者

奇境

蛇 = 食蛋者

小女孩

果他不给自己理发，那么他需要别人给他理发，此时按规则，他就该给自己理发，所以，他还是没有遵从规则。罗素利用这个悖论说明集合论是自我指涉的。也就是说，它用自身作为元素定义自己，进而引发出自我否定的结论。人们对数的研究是建立在集合论之上的，因此，如果集合论被质疑，整个数学王国将彻底倾塌。

更诡异的发现

1903 年，罗素和他的英国同事诺夫·怀海德为集合论立了一系列新规，以保证再无漏洞。这项工作是一件大工程，仅证明"1+1=2"就写了 700 页！两人欲使数学完备化，进而再无法推出矛盾的结论。但是，1931 年，德国数学家库尔特·哥德尔得到了更惊人的发现。他的"不完备性定理"说明，没有一种公理体系可以导出数论中所有的真实命题，除非它是不完备的，此时，体系内必仍有命题无法被证明，进而自身引出悖论，就如说谎者悖论（见第 163 页方框）。一些聪慧的数学家理解哥德尔的想法，认为他颠覆了整个数学王国！他的理论使数学基础研究发生了划时代的变化，更是现代逻辑史上很重要的一座里程碑。之后，天才的艾伦·图灵提出一个设想：能否发明一台万能机器，通过某种一般的机械步骤，能在原则上一个接一个地解决所有数学问题。最终这个设想没有实现，但是，成就了数字计算机的诞生（见第 121 页）。

伯特兰·罗素

伯特兰·罗素是一位哲学家、和平主义社会活动家及数学家，是 20 世纪英国最伟大的智者（他卒于 1970 年，享年 98 岁）。罗素的一个重要观点是人们都过于辛劳。他反对社会提倡人们辛勤工作。他认为过分操劳于工作并不好，因为这剥夺了人们享受快乐的时光。

参见：
▶ 数字的发明，第 10 页
▶ 计算器，第 114 页

原理

　　展示集合之间运算的韦氏图可以设计得很优美。在下面的 3 个彩色韦氏图中，读者能数清楚各个交集吗？我们在左下方的韦氏图中标注出了所有集合与交集，以供读者参阅。

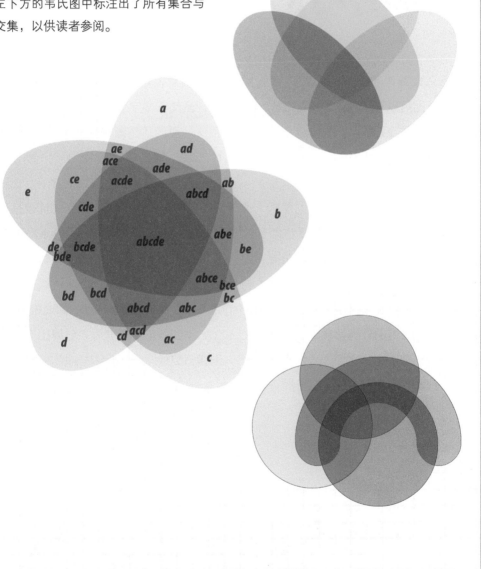

10 的古戈尔次方：古戈尔普勒克斯

无穷大并不是一个数，那何为大数呢？数学上可以写出任意大的数而无须给其命名，但是 1920 年，一位 9 岁男孩为一个大数取了个响亮的名字。

受人类自身条件限制，我们理解大数是困难的。我们能很好地理解 0 到 9 这 10 个数，也能轻易地数到更大的数，如 20 多或 30 多，甚至更大的数，但人们大多并不乐意继续往下数，且在日常生活中，人们对大数的理解偏模糊，并不如之前提到的小数清晰。比如，人们常说"一些""几打"或"约一百"这些词，其实

都是估算，毕竟生活中这种估计就够使了，虽然在数学上这远远不够精确。不可否认，我们还是清楚具体数字的大小的。比方说，我们能迅速地为 4 个数 2001、201、23 001 和 24 按大小排序。但是，对大批量的事物，即使进行估计也是很困难的。我们称一堆物品"约 1000"个，这其实并不是在做估计，而是非常粗的猜测。我们的大脑其实很难分辨眼前的事物是 1000 个还是 5000 个，抑或是 10 000 个，就如我们无法凭眼力估算出沙滩上的鹅卵石数量抑或是森林中的树木数量。

科学记数法

数学上用完全不同的方法处理大数。

1 古戈尔（googol）表示大数 10^{100}，即 1 后面跟 100 个零。

10000000000

我们可以从庞大的事物中抽取样本作子集，计算子集的基数，用此基数乘以子集的个数就估算出整体的数量。再利用科学记数法，把难于书写的大数用乘方的形式表达（见第 76 页：乘方）。比如 6 万亿就可以不用写成 6 000 000 000 000，而是 6×10^{12}，即 6 后面跟着 12 个零。

美国数学家爱德华·卡斯纳在自己的著作中引入了外甥命名的大数古戈尔，使这个大数为世人关注。

稍大一点的数

上面的 12 称为指数，即表示底数的 12 次方。10 的 13 次方是其 12 次方的 10 倍。可见，统一成科学记数法，同底数情况下，我们可以通过比较指数的大小来比较乘方数的大小。不过还要注意其他因子，比如，

1 盎司钻石含有 1.2×10^{24} 个原子，把这个数与 1 万亿（1×10^{12}）作比较，钻石含有的原子数并不是如大众容易弄错的那样，约为 1 万亿的两倍，而是整整 1.2 万亿倍！

谷歌公司名字的由来

20 世纪 90 年代中叶的一天，两位斯坦福大学数学专业的研究生谢尔盖·布林和拉里·佩奇正为给刚成立的网络公司起名发愁。一位朋友建议公司就命名为大数古戈尔（googol），但是，没想到的是，这位朋友把词拼写错了，写成了 google。布林和佩奇觉得那就将错就错吧。于是，1998 年 9 月 4 日，两人用 Google 的名字注册成立了一家公司，从而开启了网络搜索新时代。位于圣弗朗西斯科的公司总部被命名为 Googleplex。

大数

Million	10^6
Billion	10^9
Trillion	10^{12}
Quadrillion	10^{15}
Quintillion	10^{18}
Sextillion	10^{21}
Octillion	10^{27}
Nonillion	10^{30}
Decillion	10^{33}
Undecillion	10^{36}
Duodecillion	10^{39}
Tredecillion	10^{42}
Quattuordecillion	10^{45}
Quindecillion	10^{48}
Sexdecillion	10^{51}
Septendecillion	10^{54}
Octodecillion	10^{57}
Novemdecillion	10^{60}
Vigintillion	10^{63}
Centillion	10^{303}

一个新命名的数

数学的神奇之处包括它能处理的数可以远远大于我们实际遇到的。这也是美国数学家爱德华·卡斯纳在考查了一些超大数之后大感兴趣的。这位数学家留世的发现之一得来其实纯属偶然。1920年，卡斯纳带着两个外甥在户外散步，边走边讨论与大数相关的话题。为了勾起两个小家伙的兴趣，卡斯纳让他们给1后面跟着100个零的大数命名。当时9岁的外甥米尔顿建议起名为"古戈尔（googol）"。

古戈尔次方

米尔顿（和卡斯纳）清楚1古戈尔并不是无穷大。所以，可以有更大的数，他们决定更大的数取名为古戈尔普勒克斯（googolplex）。两位小男孩建议1古戈尔普勒克斯就用来表示1后面跟着许多个零，多到累得实在没力气写完这么多个零。后来，卡斯纳定义1古戈尔普勒克斯为一个巨大的数：1后面跟着古戈尔个零。

超脱自然

1古戈尔表示 1×10^{100}，一个我们几乎无法想象的数，比我们迄今为止讨论的数大

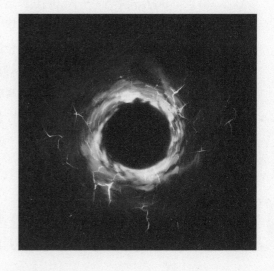

黑洞是宇宙空间内存在的一种密度极大、体积极小的天体，科学家认为其寿命有1古戈尔年。目前宇宙才只有 1.38×10^{10} 岁，因此黑洞其实还很年轻。

有名字的最大数

1 古戈尔普勒克新（googolplexian）等于 10 的古戈尔普勒克斯次方，也就是 1 后面跟着古戈尔普勒克斯多个零。这个大数是迄今有名字的数中最大的一个。那么，接下来，我们该如何命名 $10^{googolplexian}$ 呢？

$$\text{Googolplexian} = 10^{googolplex} = 10^{10^{10^{100}}}$$

上万亿个数量级。这个数过于巨大，很难与自然界的某种事物建立对应关系，以使我们增进对世界的了解。科学家估计宇宙中亚原子颗粒的数目大概是 10^{80}，而这个数相较于 1 古戈尔仍是相形见绌，不足一提。但是，如果有足够的耐心和足够大的草稿纸，人们还是能够把这个数完完全全写下来的。

超脱宇宙

1 古戈尔普勒克斯表示为 1×10^{googol}，即 $10^{10^{100}}$，也就是 10 的 100 次方作为指数，10 为底，得到的乘方数。1 古戈尔是 1 后面跟着 100 个零，而 1 古戈尔普勒克斯后面跟的零实在太多，已经无法用语言简单描述。美国国家航空航天局著名科学家和科普作家卡尔·萨根概括说，如果能在一张纸上写下 1 古戈尔普勒克斯这个大数，那么，这张纸将大得无法存在于我们的可观测宇宙中。1 立方米空间中所有可能的量子态总数也不到 1 古戈尔普勒克斯。事实上，1 立方米（近乎一位成人身体的体积）空间里原子有 $10^{10^{70}}$ 种不同的排列方式。这意味着，如果一个人行进 $10^{10^{70}}$ 米，他必然遇见了 1 立方米空间中所有的微观粒子（或空旷的空间）。继续前行，他将重复看见遇见过的粒子。在他走完 1 古戈尔普勒克斯米之前，他将重复这种现象许多许多次。不过，萨根也提到："1 古戈尔和 1 古戈尔普勒克斯离无穷大仍然很远，亦如自然数 1。"

$$10^{10^{100}}$$

这是目前 1 古戈尔普勒克斯最简洁的书写方式。另一种在 1 后面添上古戈尔个零的写法，简直无法想象。

参见：
▶ 乘方，第 76 页
▶ 对数，第 98 页
▶ 无穷大，第 152 页

信息论

以0和1作为基本数码的二进制的引入，促使计算机数字化，而信息论作为数学的一个分支正是以这种方式处理计算机文件、电子邮件和网络问题的。

一台数字计算机由复杂的开关集合控制，所有的开关都被连接到一个电路中。计算机程序控制这些开关在开启和闭合之间转换，其中设计的指令和规则使计算机处理一定的输入就得到人们期望的输出。这可能就像先输入数字，再输出它们的和一样简单，也可能像先输入一段存储代码，

然后在屏幕上输出一个电视节目或视频游戏一样复杂。

数字化

一个开关只有两种可能的状态：开或者关。因此，可以用两个字符来表达开与关这两种状态：用0表示关的状态，用1表示开的状态（见第130页：二进制与其他进制）。计算机程序被编写成（或被转化为）一系列0和1组成的字符串。在计算机处理器内，这些字符串被转化为电路接通电流运行的状态（1）或电路断开的状态（0）。

耗热真空管

在数字化计算早期，交换机都是由热离子真空管制成的，它们是类

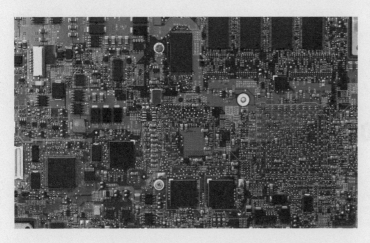

计算机主板由大量电子元器件组成，这些元器件均以二进制语言处理信息。

以节省大量能源。

冷硅材料

第一批晶体管是 1947 年发明制造的。这些是基于硅材料的"电子"开关。它们没有像普通开关那样可开合的部件，而是利用硅材料的性质，使晶体管或变成传输电流的导体，或变成阻挡电流的绝缘体。晶体管和类似的电子元器件比真空管小得多，能耗也少，而且能很快组装出更为复杂的电路，因此最终成为现代计算机中的微芯片。

回到二进制计数

基于硅片的计算机完全使用二进制运行。不仅处理器用 1 和 0 的运算控制，其他所有部件都是。这主要归功于美国数学家、工程师克劳德·香农的工作。在 1937 年，年仅 21 岁的他发表了其硕士论文，内容是布尔代数（见第 137 页）如何可以被用来设计一台基于二进制计数的物理"逻辑机器"。这个工作比第一台真正意义上的数字计算机的出现要早近 10 年。因此，香农的这一工作被称为"20 世纪最重要的硕士论文"。

逻辑门

计算机的电子开关形成了被称为门的

奇偶校验位

信息理论把所有信息均转化为 0 和 1 组成的字符串。无论是一个计算机程序，或一张图片，抑或一份文本文档，最终都会被转化为用 0 和 1 字符串表达的信息。数字代码可以比其他通信形式更高效地发送信息，但其中还是会存在一些错误信息。所以，代码串可以包含一个错误测试，以分辨出错误。奇偶校验法就是其中一种测验方式。它包含一种简单的模运算算法，以确认接收到的信号与发送的信号完全相同。

A方欲传送的信息：1001

A方计算此条信息的奇偶校验码：1+0+0+1(mod2)=0

A方将奇偶校验码附于信息末尾发送出去：10010

B方接收到的信息：10110

B方计算此条信息的奇偶校验码：1+0+1+1(mod2)=1

由上述计算，B方断定信息接收发生错误，要求A方重新发送信息。

似于灯泡的玻璃真空管。在运行过程中，这些真空管热耗散严重，需要消耗大量的能量。另外，虽然二进制代码被用来控制处理器，但早期的计算机科学家常使用更大基数的计数来处理输入和输出。这是因为，二进制数串非常长，电路需要大量耗能显著的真空管，而使用其他基数计数可

174

位与字节

"bit"（位）是 binary digit（二进制数字）的英文缩写。1 位就是一条信息，可以用 0 或 1 表达。位这个词第一次正式出现是在克劳德·香农于 1948 年发表的文章中，但它其实在更早的时候由数学家约翰·塔基创造。位用二进制计数：4 位（2^2）是半字节；8 位（2^3）是 1 字节。早期的计算机处理的信息是以 8 位（或 1 字节）为单位的字符串，现在则使用更大信息量的单位。下面列举了一些计量单位。谷歌的数据中心存储了大约 15 艾字节的信息。

Bit（比特，位）	b	—
Nibble（半字节）	nb	4 bits
Byte（字节）	B	8 bits
Kilobyte（千字节）	KB	2^{10} bytes
Megabyte（兆字节）	MB	2^{20} bytes
Gigabyte（吉字节）	GB	2^{30} bytes
Terabyte（太字节）	TB	2^{40} bytes
Petabyte（拍字节）	PB	2^{50} bytes
Exabyte（艾字节）	EB	2^{60} bytes

简单电路。每个门被设计为执行布尔代数的一种运算。提醒一句，布尔代数仅处理 1 和 0 的运算，其结果也只能是 0 或 1。一个特定门的所有可能的输入和输出都罗列在真值表上，这种方式由哲学家发明，现在却为计算机科学家们广泛使用。

开创信息理论

第二次世界大战的动荡结束之后，香农在 1948 年发表了另一篇文章，该文被称为信息时代的"大宪章"。文中香农开创性地提出用二进制字符串存储和传输所有信息的思想，超前了那个时代这方面的一般认知足足 50 年。

模拟波

尽管香农在数理逻辑和信息理论方面的工作导致了计算机革命和万维网的创建，但在早期，他主要的精力集中在研究承载语音信号的电话网络上。电话网络由大量的铜导线纵横交错于世界各地，通过海底电缆穿越海洋。沿着电线传送携带模拟信号的调制载波。调制方式或持续上升或下降，正是这些调制传递了信息。沿着电线传输的过程中，模拟信号越来越弱，

美国数学家克劳德·香农也是人工智能的先驱。在一次会议上，他展示了他自己制造的一只名叫特修斯的老鼠，这不是鼠标，而是一只可以自我学习走迷宫的机械鼠。

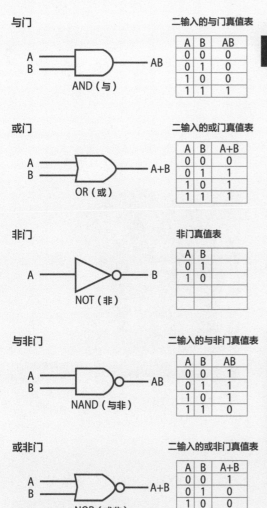

与门

二输入的与门真值表

A	B	AB
0	0	0
0	1	0
1	0	0
1	1	1

AND（与）

或门

二输入的或门真值表

A	B	A+B
0	0	0
0	1	1
1	0	1
1	1	1

OR（或）

非门

非门真值表

A	B
0	1
1	0

NOT（非）

与非门

二输入的与非门真值表

A	B	AB
0	0	1
0	1	1
1	0	1
1	1	0

NAND（与非）

或非门

二输入的或非门真值表

A	B	A+B
0	0	1
0	1	0
1	0	0
1	1	0

NOR（或非）

上图是计算机中使用的 5 种主要的布尔逻辑门和真值表，它们显示了逻辑输入与输出的结果。

所以不得不每隔一段时间放大一下信号。但是，系统在放大了信号外，也增强了"噪声"，或是在电线中形成了非信号波。这种噪声经常会淹没传送的信息。

分组交换

网络传输并不需要把两台机器直接连接，以发送信息，取而代之的是一种称为分组交换的技术。它将用户传送的数据按一定的长度划分，每个部分叫作一个分组，通过分别独立传输分组信息的方式传输信息。每个分组都有一个设置了编码的"分组头"，用以表示其归属的原始数据。

数字化革命

香农的工作表明数字信号不光更易于处理，而且，因为它们只是简单的数字字符串，所以它们携带的信息能被各种媒介压缩、传输和存储。

参见：
▶ 素数，第 58 页
▶ 二进制与其他进制，第 130 页

梅森素数

有一类素数能够通过一个简洁的公式用其他更小的素数表达出来，这些素数称为梅森素数。

把素数 2 平方再减 1，我们得到一个更大的素数 3：$2^2-1=3$。素数是只能被 1 和自己整除的正整数。如果上式把平方改成立方，$2^3-1=7$，我们就能得到另一个更大的素数 7。也许我们能够一直这样操作下去。那么，是不是所有素数之间都有这么简洁的关系呢？

梅森素数以 17 世纪法国修士马林·梅森的名字命名。

素数通用公式？

上段提到的公式：$2^p-1=$ 另一个素数，是否适用于所有的素数呢？上面已经验证公式对素数 2 和 3 是成立的。那么下一个素数 5 呢？$2^5-1=31$。哇！31 可真是素数呢！然后，$2^7-1=127$。127 也是一个素数！所以，上述公式对 5 和 7 也是成立的。

素数子集

7 之后下一个素数是 11（读者可在第 67 页查看 100 以内的所有素数）。把 11 代入公式：$2^{11}-1=2047$。2047 这个数看起来像素数，曾经人们也相信了很多年，直到 1536 年，德国数学家乌尔里希·里格证明了这个数是合数，有两个因子 23 和 89。由此，上述公式并不能生成所有的素数。那么，有多少素数能够用这个公式生成呢？当时的数学家开始致力于解决这个问题。但是，证明一个自然数是素数并非易事。

$$M_p = 2^p - 1$$

早期错判

1603 年，意大利数学家彼得洛·卡塔第验证了 17 和 19 用上述公式可以生成素数，分别是 131 071 和 524 287。不过，他错误地认为 23、29、31 和 37 同样也能通过上述公式生成新的素数。实际上，这 4 个数中只有 31 能够这样（虽然卡塔第在验证时还发生了计算错误）。人们容易把一个较大的合数当成素数。根据定义，要说明一个数是素数，需要验证所有小于

这个数的素数均不是其因子。而卡塔第并没有掌握 2^{37} 以内的所有素数，毕竟这个数对当时的人来说太大。所以，他的验证是不完全的，进而出现了错判。

数学苦行僧

17 世纪中叶，一位生活在法国的修士马林·梅森迷上了这种用 2^p-1 公式构造新素数的方法。梅森可谓世界上交友最广泛的数学家，他与欧洲许多杰出的智者有着频繁的联系，其中有几位还到他在巴黎的修道院拜访他。梅森对卡塔第的发现表示质疑，他认为 31、67、127 和 257 确

科学圈

马林·梅森经常与许多当时最伟大的数学家和科学家面对面或以通信的方式交流。他成为这些杰出人物思想交汇的桥梁，很多重要发明在梅森的交际圈中产生。在他逝世（1678年）后大约 20 年之际，第一批正规科研所建立，人们得以在此分享知识、交流想法。

伽利略

克里斯蒂安·惠更斯

皮埃尔·德·费马

布莱兹·帕斯卡

勒内·笛卡儿

p	M_p		
2	3		
3	7		
5	31		
7	127		
13	8191	1456年	无记录
17	131 071	1588年	彼得洛·卡塔第
19	524 287	1588年	彼得洛·卡塔第
31	2 147 483 647	1772年	莱昂哈德·欧拉

注：此表列出了前几个梅森素数与它们的发现者。

实能通过上述公式得到新的素数，但是他没能算出这些素数具体为何（100 年后莱昂哈德·欧拉才证明了 $2^{31}-1$ 确为素数，而又过了 100 多年，爱德华·卢卡斯才验证 $2^{127}-1$ 所得的 39 位数是一个素数）。

虽败犹荣

梅森虽然并没有算出这些新产生的素数究竟是多少，但是鉴于他对素数相关理

论的传播所做出的贡献，人们还是以他的名字命名了这些素数。若一个素数是某个素数 p 通过公式 2^p-1 计算得到的，则称这个素数为梅森素数，记作 M_p。（若这个公式 2^p-1 算出的是一个合数，则称之为梅森数。）梅森素数一直受到人们的关注的原因有两个：第一，它们是由已知的素数计算得到的，便于考查；第二，梅森素数公式为我们发现另一类神奇数字提供了可能。

完全数

其实在公元前 4 世纪，欧几里得已经开始关注梅森素数。他发现如果 2^p-1 是一个素数，则 $2^{p-1}(2^p-1)$ 是一个完全数。完全数是一类奇特的自然数，它的所有真因数之和恰为这个数。大多数自然数是亏数（译者注：在数论中，若一个正整数除

GIMPS

互联网梅森素数大搜索，简称为 GIMPS，是数学界最大的公共项目之一。确定一个自然数为素数需要大量艰巨的计算，而 GIMPS 项目使得任何一位数学爱好者可以下载素数筛选程序软件到个人计算机中，以寻找新的梅森素数。计算机启动后，该软件将在后台运行，并把计算结果回馈给主机。自 1996 年开始，迄今已有 150 000 位成员、超过 100 万台计算机参与这一国际合作项目。到目前为止，已发现的 49 个梅森素数中有 15 个是通过 GIMPS 项目找到的。

$6 = 1 + 2 + ③$

$28 = 1 + 2 + 4 + ⑦ + 14$

$496 = 1 + 2 + 4 + 8 + 16 + ㉛ + 62 + 124 + 248$

$8128 = 1 + 2 + 4 + 8 + 16 + 32 + 64 + ⑫⑦ + 254 + 508 + 1016 + 2032 + 4064$

如图，这些完全数的真因数之和恰好等于这个数，而且每个完全数对应一个梅森素数，并以之为真因数。

了本身之外所有因子之和比此数自身小，则称此数为亏数，也称缺数），即真因数之和要小于这个数。比如 10 的真因数有 1、2 和 5，它们之和等于 8，严格小于 10。部分自然数是盈数，即真因数之和要大于这个数。比如 12 的真因数有 1、2、3、4 和 6，它们之和等于 16。而能够做到两者恰好相等的完全数其实很少。最小的完全数是 6，如上图所示，6 的真因数有 1、2 和 3，它们之和正好为 6。目前已算出的完全数共有 49 个，而且每个与一个梅森素数相对应，以这个素数为真因数。我们连完全数是不是

都是偶数还没有弄清楚——尽管已知的 49 个完全数都是偶数，但我们知道完全数有无穷多个。这是因为素数有无穷多个，所以，梅森素数也该有无穷多个，进而对应的完全数也有无穷多个（见第 160 页: 集合论）。

寻求新的梅森素数

确定一个自然数是素数意味着大量艰巨的计算，过去几十年计算机计算能力的飞速提高促使新的梅森素数以前所未有的速度被发掘。自联合全球所有有志之士的 GIMPS 项目启动之后（见第 178 页方框），已知的梅森素数中近 1/3 在这个项目中被新发现。最近一次的突破性工作发生在 2016 年，人们找到了目前最大的梅森素数，亦是迄今已知的最大素数（见左侧的方框）。不久前，人们还发现小于第 44 个梅森素数的所有自然数中，不再可能有新的梅森素数，但是在第 45 个和第 49 个梅森素数之间可能还有新的梅森素数。

最大的梅森素数

第 49 个梅森素数是 2016 年发现的。用科学记数法，这个数表示为 $2^{74\,207\,281} - 1$，有 22 338 618 个数字。这个数不光是目前最大的梅森素数，亦是迄今为止找到的最大的素数。有了这个素数，人们可以去算最大的完全数，已算得其有 44 677 235 个数字。

$$M_p = 2^{74\,207\,281} - 1$$

参见:
▶ 素数，第 58 页
▶ 乘方，第 76 页
▶ 无穷大，第 152 页

术语解释

（按拼音排序）

半径	圆的中心到圆周的距离。	

倍数	一个整数能把另一个整数整除，则前者为后者的倍数。
比率，比	一个数相对于另一个数的数量级。
常数	公式中的不变量。π 就是一个数学常数。
乘法	把一个数自加很多遍（即乘上某个倍数）的一种运算。运算所得的结果称为乘积。
乘积	一次乘法运算的结果。
除法	寻找一个数，使之乘以给定的数等于另一个数。剩余的部分就是余数。除法是乘法的逆运算。
除数	用来均分一个大数的数。
等式	一个数学表达式与另一个的相等关系。例如 2x=3y。
方根	指数运算（求幂运算）时的底数，即方根自乘整数次后可以得到指数运算的结果。
公式	用于计算某特定数值的等式。
弧	圆周的一部分。
弧度	部分圆周相对于半径的倍数，以之分割一个圆。
基	集合中元素个数的度量。
基数	一种进制记数法中单位元的个数。
几何（等比）级数	从第二项起，每一项与其前一项的比值恒为同一个常数的一种数列。
计数	通过做记号记录事物个数的一种简单过程。
加法	把数合并形成一个更大的数，其结果称为和。
角度	一种划分圆的方式。一个整圆就

	是 360°。
阶乘	比某数小的所有正整数连乘的积。4 的阶乘，写成 4！，即 1×2×3×4=24。
立方	指数是 3 的平方。
幂	一个数以另一个数为指数的运算结果。
平方	指数是 2 的乘方。
平方根	一个数，平方后得到一个新数，前者即为后者的平方根。
数列	一列按某种规则变化排列的数。
数字	表示数的符号。
素数	又称质数，只能被自己和 1 整除的整数。
算法	顺序严格、结果精确的一系列数学运算。
算术	讨论自然数和它们在加、减、乘、除，乘方、开方运算下产生的数的性质、运算法则，以及在日常生活中应用的数学分科。
位值	一个数值，其值取决于每个数码的大小，及数码在计数中所处位置表达的特定值。
系数	在表达式中不可变的乘数。在 c=2πr 中，2π 就是系数。
因子	一个乘数，乘以别的数能得到其他的数。
圆周长	围绕圆的边缘转一圈的长度。
运算	一种数学行为，如加法、乘法和求幂等都是基本的数学运算。
指数	表示求幂运算中底数自乘的次数。
正方形	一组邻边相等且有一个角为直角的平面四边形。